# 読む幾何学

瀬山士郎

角川文庫
23705

# はじめに

　今では世界中で親しまれている赤毛のアンですが，幾何にはとても悩まされたようです。

　　「幾何って本当にひどい代物だわ，マリラ」とアンは不満をもらした。
　　「さっぱりわからないと思うの，だって想像力を使う余地なんてまったくないんですもの」
　　　　　　モンゴメリ『赤毛のアン』より　拙訳

「平面幾何はお好き？」という質問に，気軽に「はい」と答える人が大勢いると実にいいのですが，残念なことに平面幾何はブラームスほどには好かれていないのかもしれません。実際，アンは幾何学には悪戦苦闘だったらしい。

「想像力を使う余地なんてまったくないんですもの」

　でも，幾何学に想像の余地がないといわれてしまうと，かつての幾何少年はとてもさみしい思いがします。幾何学こそは想像の余地が十分にある面白い世界なのです。

　アン，きっと君は楽しい数学教育と素敵な数学の先生に巡り会いそこなったんだね。もう一度幾何の世界を訪ねてごらん。そこにはきっと君が本当に会いたかった数学があるから。

# 目　次

# 第1章
# 二等辺三角形の底角定理

　昔1960年代の高校生は数学Ⅰの中で幾何学をみっちりと学びました。数学の教科書まるまる1冊が幾何学の教科書だったといっても，今の高校生にはなかなか信用してもらえないかもしれません。私の手元にその当時使っていた教科書が残してあります。ほかの高校の教科書はすべて卒業時に始末してしまったのに，この教科書だけは残してあったということは，「平面幾何はお好き？」という質問に胸を張って「はい」と答えるためだったのかもしれません。

　その愛着ある教科書は『数学Ⅰ幾何編』（数研出版）というタイトルで250ページあります。私の記憶では，この教科書をだいたい1年半かけて学んだと思います。

　幾何学の教科書は，私が高校を卒業してしばらくして高校数学から姿を消してしまいました。幾何そのものは

高校数学の中に細々と残っていましたが，1989年の指導要領の改訂で数学Aの中に平面幾何として復活しました。ところが1998年の改訂で平面幾何という名前はまた姿を消してしまいました。どのような事情で幾何がこんな扱いを受けなければならないのか，幾何好きの1人として大変残念なことではあります。

　本書では初等幾何学の面白さをいろいろな角度からもう一度発見してみたいと思います。幾何学は扱い方によってはいくらでも複雑な難問題に分け入ることができるし，細部にわたってマニアックな扱いをすることもできます。あるいは一歩踏み込んで射影幾何学の話をすることもできそうです。幾何マニアの1人としてはそのような扱いも十分に魅力的なのですが，本書ではもう少し基礎的に，学校数学の中で幾何学を見直すという視点からいくつかの題材を選んでみました。初等幾何教育と論証とは切っても切り離せない関係にあります。まず，論理を見直すことから始めましょう。

## ●論理とは

　最初に，平面幾何に付きものの論証について少しだけ考えてみます。初等幾何学が好きな人はどうやらこの論証といういささかややこしい手続きに奇妙な偏愛を持っ

ているようです。逆に初等幾何が嫌いな人は，何よりこの論証という手続きになじめず，嫌悪感さえ持つといわれています。その意味で，平面幾何は数学の中でも特に好き嫌いのはっきりした分野です。中学生が数学嫌いになる1つの原因も，この幾何の論証にあるようです。

そういえば，友人で文科系の学問に進んだ人の中で，数学は嫌いだったが平面幾何は好きだったという人が結構います。そういう人は結局，論理，論証との相性がよかったのだと思います。

しかし，論理とか論証とかいうものは何も平面幾何に限ったものではなく，数学という学問そのものが論理と切っても切り離せない関係にあります。だから数学は嫌いだったが平面幾何は好きだったという人がいたら，どうやら平面幾何には論証だけではない別の魅力があるはずです。それは「発見の論理」とでもいうべき活動ではないでしょうか。そしてそれは，じつは探偵小説の魅力と重なり合う部分が多いのではないだろうかと，私は密かに考えています。そのことは探偵小説としての幾何学として後でもう少し詳しく考えることにして，まず，論理とは何なのか，をごくやさしい問題を素材にして考えてみましょう。実際，論理そのものを考えようとするとき，難しい題材より一見やさしい題材のなかに面白い問

題が潜んでいるのです。

　平面幾何を学び始めた頃，カリキュラムでいうと中学校2年生，図形の論証が始まったところで出てくる重要な定理の1つに二等辺三角形の底角定理があります。よく知られた定理なので多くの方がご存じだと思いますが，つぎのような定理です。

　**定理**（底角定理）
　二等辺三角形の両底角は等しい。

　これは図形の学習の出発点にある定理で，基本中の基本といってよいです。中学校の教科書では「三角形と四角形」といったタイトルの章に出てきます。証明はつぎのようなものが標準的です。

　**証明**
　二等辺三角形 △ABC の頂角の二等分線が底辺 BC と交わる点を D とする。△ABD と △ACD において，

$$AB = AC$$
$$\angle BAD = \angle CAD$$
$$AD \text{ は共通}$$

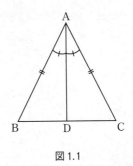

図1.1

したがって，二辺夾角（きょうかく）の合同条件から，

$$\triangle ABD \equiv \triangle ACD$$

したがって，

$$\angle B = \angle C \qquad [証明終]$$

　これがごく普通の教科書に載っている証明です。もちろん私が使った教科書の証明もこれでした。この証明は，小学生が底角定理を事実として理解するとき，紙を切って作った二等辺三角形を真ん中から折って重ね合わせてみる，つまり，二等辺三角形が頂角の二等分線に対して線対称な図形であるということを，補助線を引くという視点から見た証明で，具体的な操作を土台にした証明といってよいでしょう。

中学生の私はこの証明を何の疑問も持たずに学びましたが、しばらくして専門の数学を学び始めたとき、次のような証明に出会いました。

### 別証明

　二等辺三角形 △ABC の等辺を AB＝AC とする。これを裏返した三角形を △ACB とする。

　△ABC と △ACB で

$$AB = AC$$
$$AC = AB$$
$$\angle A = \angle A$$

したがって、二辺夾角の合同定理から

$$\triangle ABC \equiv \triangle ACB$$

よって

$$\angle B = \angle C \qquad \text{［証明終］}$$

　専門の幾何学教科書を学んだことがある人はきっと一度はこの証明に出会っていると思います。そのとき疑問に思ったことはなかったでしょうか。

　いったいこの証明は何なのでしょう。実際私にとっては中学校教科書の証明の方がずっと分かりやすかった。

三角形を裏返すということが分からないわけではないのですが，なにもそんな突拍子もないことをしなくても，頂角の二等分線を引く方がずっと自然で分かりやすい。おそらく多くの人がそう思うのではないでしょうか。専門の数学書にはこのような証明をする理由は書いてありませんでした。

ところが，日本を代表する幾何学者の1人であった寺阪英孝の本『初等幾何学』（岩波書店）の序文にはこんなことが書いてあります。

「二等辺三角形の底角が等しいことは二等辺三角形を裏返して重ね合わせれば直ぐわかることであるが，重ね合わせるなどという筋肉作業で数学の定理を証明するのは，考えてみるとおかしな話である。それなら数学的にはどうやったらいいかというと，これがまたなかなかむずかしい」

三角形を裏返して重ねるなどという筋肉作業，という表現がとても面白いですが（小学校の折り紙による説明も筋肉作業だったのです！），「これがまたなかなかむずかしい」というのはいったいどういう意味でしょうか。先ほどもいったように，この定理は中学校の数学教科書

の最初に出てくる定理です。それが難しいとは。実際私にはこの言葉が意味することがなかなか理解できませんでした。しかし，寺阪先生の本を読むと，確かに底角定理はずっと後のほうまで証明されません。

　では，中学校の教科書に出てくる底角定理の証明は間違っているのでしょうか。本当は専門書にあるように，三角形を裏返して証明しなくてはならないのでしょうか。私が寺阪先生の言葉の意味を理解したのはずっと後になってからです。

　さて，ここまで本書を読まれてきた方はぜひしばらく本書を閉じて，紹介した2つの証明について考えていただきたいのです。そのヒントとして，底角定理の別の「証明」を2つほど紹介するので，これを含めて考えてください。

**別証明**（その1）
二等辺三角形 △ABC の底辺の中点を M とする。
△ABM と △ACM で

$$AB = AC$$
$$BM = CM$$
$$AM は共通$$

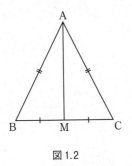

図1.2

したがって，三辺相等の合同定理から

$$\triangle ABM \equiv \triangle ACM$$

よって

$$\angle B = \angle C \qquad\qquad [証明終]$$


**別証明**（その 2）

　頂点 A から底辺 BC へ垂線 AH を下ろす。△ABH と △ACH で

　　　　AB = AC

　　　　$\angle AHB = \angle AHC = \angle R$（90°）

　　　　AH は共通

したがって，直角三角形の合同定理から

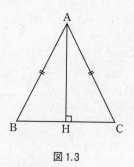

図1.3

$$\triangle ABH \equiv \triangle ACH$$

よって

$$\angle B = \angle C \qquad [証明終]$$

　いかがでしょうか。ああそうか，と気がついた方も多いのではないでしょうか。


## ●読者への挑戦

　探偵小説に詳しい人なら，エラリー・クイーンというビッグネームをご存じに違いありません。クイーンの国名シリーズという探偵小説では物語のお終いのほうに「読者への挑戦」という箇所が出てきます。

「読者への挑戦

　誰が殺人犯人か…（中略）…与えられたデータに，厳正な論理と推理を適用することによって，諸君は今や，単なる憶測でなく，犯人の正体を証明しうるはずである。

　説明の章を読まれれば分かるとおり，唯一適正な解決には，〈もしも〉も〈しかし〉もない。そして，論理は運の助けを必要としないものであるが——りっぱな推理と幸運を祈る。エラリー・クイーン」

　　　　（『エジプト十字架の謎』井上勇訳，東京創元社）


　いかがでしょう。読者もこの挑戦に答えて，二等辺三角形の底角定理の謎に挑戦してもらいたいです。論理は運の助けを必要としない，なんとも恰好いい科白ではないでしょうか。（ここは，カッコイイ，と読んでください）


●考察

　さて，考えてみましょう。（名探偵，皆を集めてさてといい）

　まず別証明1から考えていきましょう。

　この証明は辺 BC の中点をとることによって，三辺が

等しい三角形は合同であるという定理を使い底角定理を証明しています。

　では，三辺が等しい三角形は合同であることはどうやって示されるのでしょうか。三辺相等の合同定理は三角形の合同定理の中でもむずかしい定理です。この定理は普通は次のように証明されます。

**証明**

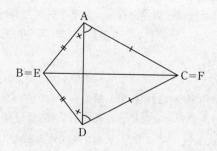

図1.4

　△ABCと△DEFでAB＝DE，BC＝EF，CA＝FDとする。この2つの三角形を図1.4のようにおき，AとDを結ぶ。

　△ABDはAB＝DBの二等辺三角形である。したがって，底角定理により，

$$\angle BAD = \angle BDA$$

同様に

$$\angle CAD = \angle CDA$$

よって

$$\angle A = \angle BAD + \angle CAD$$
$$= \angle BDA + \angle CDA$$
$$= \angle D$$

よって，△ABC と △DEF で

$$AB = DE$$
$$AC = DF$$
$$\angle A = \angle D$$

となり，二辺夾角の合同定理より

$$\triangle ABC \equiv \triangle DEF$$

である。 ［証明終］


なるほどと気づかれた読者もあるでしょう。真犯人指摘のまえに，もう1つの事件も解決しておきましょう。

別証明2は，証明のために直角三角形の合同定理

「斜辺と他の一辺が等しい直角三角形は合同である」

を使っていました。この定理の証明は次の通りです。

**証明**

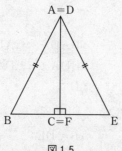

図 1.5

　斜辺と他の一辺が等しい 2 つの直角三角形を △ABC,
△DEF とし，斜辺がそれぞれ AB, DE，等しい辺を
AC, DF とする。

　2 つの三角形を等しい辺 AC, DF で貼り合わせる。

　∠ACB ＝ ∠DFE ＝ ∠R だから B, C ＝ F, E は一直線
上にあり，A, B, E は三角形をつくる。このとき
AB ＝ AE だから △ABE は二等辺三角形であり，底角
定理より

$$∠ABE ＝ ∠AEB$$

よって

$$\angle BAC = \angle EAC$$

となり，二辺夾角の合同定理から，

$$\triangle ABC \equiv \triangle DEF$$

である。　　　　　　　　　　　　　　　　　　[証明終]


　別証明2はあまりに明白な証拠なので，真相は明らかでしょう。三辺相等の合同定理も直角三角形の合同定理も，その証明に二等辺三角形の底角定理を必要としているのです。ということは，この証明では循環論法になってしまうということです。

　循環論法とは次のような論法をいいます。AならばBである。ではどうしてAかというとBだからだ。これではAもBも証明されたことになりません。循環論法については後でも扱います。

　これで事件の性格がはっきりしました。中学校の教科書に上記2つの別証明が載っていないのは，それと断ってはいないかもしれませんが，循環論法を避けるためです。

　ということは，もしかしたら専門の数学書で頂角の二等分線という補助線を引くのを避けて，三角形を裏返す証明をしているのも循環論法を避けるためなのではない

でしょうか。また寺阪英孝の言葉もそのあたりを指しているのではないでしょうか。

　しかし，頂角の二等分線という補助線は，三辺相等の合同定理ではなく，二辺夾角の合同定理を使うための補助線です。これがなぜ循環論法になってしまうのかは，まだはっきりしません。

　事件の真相を摑むためには現場に戻れといいます。そのために，もう一度ユークリッドの『原論』を繙いてみましょう。


## ●角の二等分線の存在

　この事件の解決の鍵はやはりギリシアにありました。

　角の二等分線が存在していることは間違いないでしょう。それは直感的には明らかです。1つの角を描き，その一方の辺に重なる直線を頂点を中心としてずーっと回転していきます。そのうちに直線はもう一方の辺に重なります。したがって，途中のどこかでちょうど角を二等分するところがあります。これには連続性を必要としますが，ここではそれは明らかであるとしましょう（ここでいう連続性とは直線が途中スキップすることなく移動することと思ってください）。

　ところで，その二等分線の存在を構成的に作図しよう

とすると，『原論』では次のような証明になります。

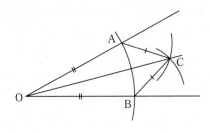

図1.6

**（作図の説明）**

1. O を中心とし任意の半径の円を描き，角の二辺との交点を A, B とする。
2. A, B を中心とし同じ半径の円を描き，その交点を C とする。
3. OC が ∠AOB の二等分線である。

　この作図はもっとも基本的な作図ですから，幾何を学んだ人なら誰でも知っているに違いありません。

　では，作図された線 OC が本当に ∠AOB の二等分線になっていることの証明はどうなされるのでしょう。

　証明には △AOC と △BOC が合同であることが使われます。ところが，この2つの三角形が合同であること

の証明には「三辺相等の合同定理」が使われます。

　先ほど調べたように，三辺相等の合同定理の証明には底角定理が使われます。したがって厳密な論理を追いかけると，頂角の二等分線という補助線を引くことによって二等辺三角形の底角定理を証明しようとすると，二等分線の作図のところで循環論法になってしまうのです。

　以上の推理により，無事読者への挑戦に答えることができたのではないでしょうか。


　さて，このことは幾何教育にさまざまな話題を提供してくれます。普通は角の二等分線の存在は明らかだから，作図との関連には目をつむって，底角定理については中学校の教科書に載っているような証明をします。角の二等分線の存在さえ認めてしまえば，この証明はすっきりして分かりやすい証明です。これは最初に述べたように，二等辺三角形が頂角の二等分線について線対称であり，それは具体的に真ん中から折ってみれば分かるという事実をもとにした証明です。したがって子どもたちにも分かりやすく，これを循環論法だとして切り捨ててしまうのは，教育的に見るといささか厳しすぎると思われます。

　しかし，角の二等分線の存在を構成的に作図で示そうとすると，確かにある種の循環論法になってしまいます。

紹介した寺阪先生の本はそれを避けるために長い証明をしたのでした。一方，三角形を裏返すという証明はそういった論理の厳密性については見事に完結しています。「裏返す」という「筋肉作業」さえ認めてしまえば，エレガントな証明です。ただ，子どもたちにとってはその「筋肉作業」の必然性が示されないため，何となく腑に落ちない証明になってしまうのです。

　ところで，ユークリッドの『原論』では底角定理についてどのような証明を行っているのでしょうか。さらに論理について考えるため，その証明は章を改めて紹介します。

# 第2章
# 二等辺三角形の底角定理再訪問

## ●相互参照の構造

　前章で二等辺三角形の底角定理について考えたとき，この定理の証明が数学の論理についてのかなり微妙な成り立ちについて触れていることを考察しました。数学の定理の証明は数学としての厳密性を考えに入れると，どうしても曖昧性のない，しかも論理として矛盾しないきちんとした構成にしなければなりません。底角定理でのもっとも大きなポイントは，論理が循環論法になっていないかということでした。Ｃということを証明するのにＢということを使う。それにはＡということが成り立っていることが必要だ。ところがそのＡを証明するためにはじつはＣということが必要だ！　こんな形で論理の鎖がつながっていると，

$$A \longmapsto B \longmapsto C \longmapsto A$$

ということになり，これらの命題がすべて同値だということが分かった（このこと自体は大変に大切なことではありますが）ことにはなりますが，命題A, B, Cはいずれも証明されたことにはなりません。これはお互いがお互いに寄りかかっている状態で，全体として立っていますが，何か1つのつっかい棒がなくなると全体が崩れてしまいます。トランプのカードの家と同じです。

　笑い話を1つ。

　辞書で「前」を引いたら「後の反対語」と出ていたので「後」を引いたら「前の反対語」と書いてあった。何遍引いても前も後も分からなかった。

　いかがでしょうか。何遍引いてもというところが笑いの眼目です。

　笑い話はさておいて，二等辺三角形の底角定理で補助線として頂角の二等分線を引く証明はまさにこの相互参照の例になっていました。底角定理の証明に角の二等分線が必要になります。頂角の二等分線の存在を数学的に証明しておこうとすると，三角形の三辺相等の合同定理を必要とし，三辺相等の合同定理の証明のためには底角定理を必要とします。こうして専門の数学書が底角定理の証明になぜ二等辺三角形を裏返すという，ある意味では大変に技巧的な，発想のひらめきを必要とする不思議

な証明を採用しているのかが分かります。角の二等分線を使う底角定理の証明はそれほど大仕掛けではなかったから，循環論法になってしまうことが割合簡単に見て取れます。しかし，もし証明がもっと大仕掛けで1つの数学の理論体系の中にずっと長い論理の鎖として埋め込まれていたら，それが循環論法になっていることはそう簡単には発見できないかもしれません。似たような例は非ユークリッド幾何学の発見の歴史の中にも見ることができます。

## ●ユークリッドの証明

底角定理に戻って考えましょう。底角定理のユークリッドの『原論』での証明も，じつは三角形を裏返す証明と本質的に変わりません。まずその証明を紹介しましょう。

『原論』では以下のような持って回った証明をおこなっています。かつてオックスフォード，ケンブリッジの学生たちはこの証明をその図の形から「ロバの橋」と呼んだそうです。それは「愚か者には渡れない」という意味を込めた呼称だったと同時に，そんなことはロバでも知っているという皮肉を込めた呼び名だったようです。

では，そのロバの橋を渡ってみましょう。なお，この

定理は『原論』では命題5として出てきます。命題4では二辺夾角の合同定理が扱われていて，命題6は底角定理の逆になっています。ちなみに任意の角の二等分線の存在は命題9として底角定理のあとに出てきます。

**定理**(底角定理)

二等辺三角形の両底角は等しい。

**証明**

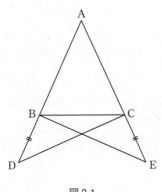

図 2.1

二等辺三角形 △ABC の辺 AB, AC の延長上に，BD ＝ CE となる点 D, E をとる。

△ADC と △AEB で

$$AD = AE$$
$$AC = AB$$
$$\angle A \text{ は共通}$$

したがって,

$$\triangle ADC \equiv \triangle AEB$$

となり,

$$CD = BE$$
$$\angle BDC = \angle CEB$$

である。

　ここで，△BDC と △CEB で，仮定より

$$BD = CE$$

また，上に証明したことから

$$CD = BE$$
$$\angle BDC = \angle CEB$$

だから,

$$\triangle BDC \equiv \triangle CEB$$

したがって,

$$\angle DBC = \angle ECB$$

すなわち,

$$\angle ABC = 180° - \angle DBC$$
$$= 180° - \angle ECB = \angle ACB$$

である。　　　　　　　　　　　　　　　　　　[証明終]

　この証明を検討してみると，何のことはない，直接
△ABC を裏返すことはしていませんが，等辺の延長上
に点 D, E をとることによって実質は三角形を裏返して
いることがよく分かります。

　この二等辺三角形の底角定理は，ユークリッド以前に
タレスがすでに知っていたようです（『ギリシア数学の
あけぼの』上垣渉，日本評論社）。しかし，このほとん
ど明らかな事実がタレスによって初めて発見されたとい
うことはちょっと考えにくいので，上垣はタレスはこの
事実を発見したのではなく証明したのであると述べてい
ます。とするならその証明はどのようなものだったのか
たいへんに興味がありますが，残念ながらタレスの証明
そのものは残っていないようです。上垣渉は論文「タレ
スの証明法について」（三重大学教育学部研究紀要 45，
1994）のなかで，タレスによって三角形を裏返す証明が
なされたと推測しています。その証明を最初に書き残し
たのはパッポスらしいです。パッポスは 300 年頃のギリ
シアの数学者です。ギリシア数学の掉尾を飾る幾何学者

で，パップスと表記することもあります。パッポスは体積と重心に関するパップス・ギュルダンの定理，三角形についてのパップスの中線定理，あるいは射影幾何学のパップスの定理にその名を残しています。

**パップス・ギュルダンの定理**

平面図形 $X$ をそれと交わらない直線に関して回転してできる立体の体積は，$X$ の面積に $X$ の重心の軌跡（円である）の長さをかけたものに等しい。

**パップスの中線定理**

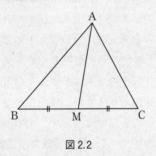

図 2.2

△ABC の辺 BC の中点を M とするとき

$$AB^2 + AC^2 = 2(AM^2 + BM^2)$$

が成り立つ。

## パップスの定理

　異なる 2 直線 $l, m$ がある。$l$ 上に 3 点 A, B, C が，$m$ 上に 3 点 D, E, F がこの順序に並んでいるとき，AE と BD の交点，CE と BF の交点，AF と CD の交点は一直線上にある。

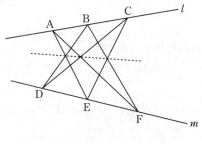

図 2.3

　タレスの原証明は三角形を裏返す証明でした。しかしユークリッドの『原論』では図形を動かすことを極力嫌っていました。これは『原論』の性格をよく表す重要な視点の 1 つですが，なぜギリシア数学は図形を動かすことをそんなに嫌ったのでしょうか。図形を動かすことによって，小さなことでは作図の可能性を広げること，大

きな視点では運動全体のつくる群を考えることによって，数学は新しい主題をつかみ取ることができただろうに。

　ギリシア数学は慎重にそのような視点を排除してきました。それはゼノンのパラドックスに端的に現れているように，運動に伴う時間，空間の無限分割によって生まれる連続体の難問をなんとしても避けたいという心の表れだったと思われます。いずれにしろ，ギリシア数学は循環論法も運動も避ける視点を選びとったのでした。


## ●底角定理のもう１つの見方

　ところで，底角定理を別の視点から眺めることができます。

　三角形の２つの辺が等しければ対応する角が等しい。これが底角定理です。

　では，２つの辺が等しくなかったら角はどうなるか？

　これは小学生にも簡単に実験できる課題です。

　２点から等距離にある点の軌跡（ここにも運動が現れる！）は，その２点を結ぶ線分の垂直二等分線になる。

　この垂直二等分線によって分割される平面の領域を考えると，その一方は点 A に近く，もう一方は点 B に近い場所です。したがって点 P が垂直二等分線 l の左側にあれば PA＜PB で，右側にあれば PB＜PA となり

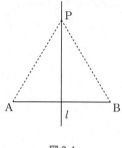

図 2.4

ます。このとき角の大きさを比べてみれば，

$$PA < PB \quad ならば \quad \angle PBA < \angle PAB$$

$$PB < PA \quad ならば \quad \angle PAB < \angle PBA$$

であることが分かります。

　これは次のような実験をすると面白いです。紙の上に線分 AB とその垂直二等分線 *l* を描き，適当な長さのゴム紐の両端を点 A, B に画鋲でとめます。ゴム紐の真ん中に鉛筆などを結び，鉛筆を紙の上で動かしてみます。鉛筆の位置によって辺と角の大きさが変わりますが，観察することによって，上の性質が常に成り立っていることが分かります。

　これを三角形についての定理にまとめておきましょう。

**定理**（三角形の辺と角の大小関係）

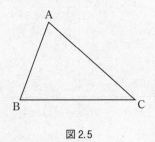

図2.5

△ABC において次が成り立つ。

$$AB < AC \quad \text{ならば} \quad \angle C < \angle B$$

$$\angle C < \angle B \quad \text{ならば} \quad AB < AC$$

これは三角形の辺と角の大きさについての大変に重要でかつ面白い定理ですが，もちろん実測によっての説明は納得の手段であっても数学の証明ではありません。

線分 AB の垂直二等分線によって平面は2つの部分に分けられます。点 P が右側にあれば PB < PA，左側にあれば PA < PB となっていますが，この事実を数学的に証明しようとすると，次のような考察に行き当たります。この定理は底角定理の逆も含んでいることに注意しましょう。

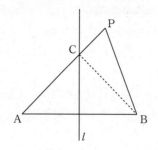

図 2.6

　図 2.6 で，点 P が $l$ について右側にあるとしましょう。線分 PA と $l$ との交点を C とします（少し厳密にいうと，この交点が存在することを保証する公理が必要になります。この視点はユークリッドの『原論』で決定的に欠落していたもので，現代的な初等幾何学では順序の公理として交わることを保証しています）。△CAB は二等辺三角形で，CA＝CB，∠CAB＝∠CBA だから

$$PA = PC + CA = PC + CB > PB$$

$$\angle PBA = \angle PBC + \angle CBA > \angle CBA = \angle CAB$$

となります。

　すぐに気がつくことは，この証明には三角形の二辺の和が他の一辺より大きいことが使われていること，また，

二等辺三角形の底角定理が使われていることです。とすると，我々は底角定理の証明を求めて上の実験をし，それを証明しようとしたのですから，これまた循環論法になってしまいそうです。

実際，三角形の辺と角の大小関係の定理の数学的な証明には，その特別な場合として底角定理を必要とします。

## ●三角形の辺と角の大小関係

では，この定理の証明を紹介します。

ごく普通の証明では考察の通り，二等辺三角形の底角定理が使われます。

### 証明

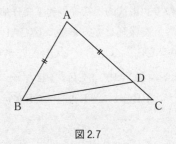

図2.7

△ABC で AB ＜ AC とする。辺 AC 上に AD ＝ AB

となる点 D をとり，B, D を結ぶ。

　　△ABD は二等辺三角形だから，底角定理によって，

$$\angle ABD = \angle ADB$$

したがって，

$$\angle ABC = \angle ABD + \angle DBC$$
$$> \angle ABD$$
$$= \angle ADB$$
$$= \angle ACB + \angle DBC$$
$$> \angle ACB$$

となる。　　　　　　　　　　　　　　　　　　　　　　　［証明終］


　この証明を見ていると，「逆の証明」が自然に浮かんでくる。

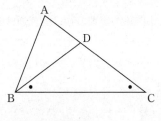

図 2.8

すなわち，図 2.8 で ∠ABC ＞ ∠ACB とすると，

∠DBC＝∠ACB となる点 D をとることができる。

このとき，△DBC は底角定理の逆によって二等辺三角形だから，DB＝DC である。

したがって，

$$AC = AD + DC$$
$$= AD + DB$$
$$> AB$$

となり，辺の大小が証明された。

証明された？　ここでは「三角形の二辺の和は他の一辺より大きい」という定理が使われています。この定理の証明はどうなっているのでしょう。前にも説明しましたが，この定理の証明には辺，角の大小関係の定理が使われるのです。したがってこの証明も残念ながら循環論法になってしまうのです。

辺，角の大小関係の定理の逆は，普通は転換法という背理法のバリエーションで証明されます。


**逆の証明**

$$∠C < ∠B　かつ　AB < AC$$

でないとする。

したがって，AB＝AC または AC＜AB である。

AB＝AC とすると底角定理によって∠C＝∠B となり矛盾。

AC＜AB とすると，先ほど示した定理によって，∠B＜∠C となり矛盾。

したがって，AB＜AC である。　　　　　　［証明終］


このようにして，底角定理を用いることによって，辺，角の大小関係の定理が証明できます。

もう１つ，この定理から分かる簡単なことを注意しておきます。


**定理**

直線 $l$ 外の１点Ｐとその直線との最短距離は，Ｐから $l$ に下ろした垂線である。

実際，Ｐから $l$ に引いた垂線の足をＨとし，$l$ 上にＨ以外の点Ｑを取ると，直角三角形では直角が最大角だから，

$$\angle PQH < \angle PHQ$$

となり，辺，角の大小関係の定理から，

$$PQ > PH$$

となる。

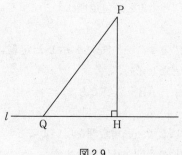

図2.9

　さて，底角定理と辺，角の大小関係の定理は特殊と一
般の関係にあります。二等辺三角形は特別な三角形で，
底角定理から一般論を考えるか，あるいは一般の辺，角
の関係から特別な場合を導くか，ということです。辺，
角の大小関係の定理が成り立つなら，そこから底角定理
を導くことができるのは，紹介した2点とゴム紐の実験
からも分かります。しかしそのことによって底角定理の
証明とすることはできません。いえたことは，この2つ
の定理が同値だということです。

　では，児童の認識にとってどちらの定理のほうがより
自然で分かりやすいでしょう。これはそう簡単に決着の
つく問題ではなさそうです。二等辺三角形は頂角の二等
分線と底辺の垂直二等分線が一致する線対称のきれいな

図形です。二等辺三角形が線対称であることは、折り紙で二等辺三角形をつくり真ん中から折ってみる、というまことに素朴かつ見事な操作で実感できます。これは個々の図形に内在する性質に着目し、その中から数学的な事実を引き出すという立脚点に立ちます。一方、2点をゴム紐で結んでその頂点をいろいろと動かし、その中から垂直二等分線の性質、あるいは底角定理を発見するという方法は、個々の図形ではなく、平面上の点の位置関係という一般論に着目する立場です。ここには一般と特殊という数学教育での問題点が顔を見せています。この2つの命題のせめぎ合いは数学教育の永遠の課題に違いないと思います。もちろん本書でもその結論は出せません。多くの数学教育の実践者の研究に待ちたいですが、どちらか一方だけが正しいという性格のものではなく、一般と特殊の絡み合いの中に数学教育の実践が存在するのでしょう。

# 第3章
## 三角形の二辺の和をめぐって


### ●三角形の二辺の和は他の一辺より大きい

　三角形の二辺の和は他の一辺より大きい。この定理については昔からさまざまな言説が飛び交っていました。有名なものは菊池寛の次の言葉です。


> 「私は一生を振り返ってみて中学で教わった教科のうち，数学だけは何の役にも立っていない。ことに代数や幾何は一度も役に立ったことがない。道を歩くとき，三角形の二辺の和は他の一辺より大であるという定理が少し役に立った程度である。(後略)」
>
> 　　　　　　　　　(東京文理科大学新聞 1936 年 12 月)
> 　　　　『数学を愛した作家たち』片野善一郎，新潮新書


　ごく普通の人の数学にたいする素朴な感情が吐露され

ていると思う人も多いかもしれません。この言葉の次のような解説もあります。

数学で役に立ったという「三角形の二辺の和は他の一辺より長い」などという定理は，数学で証明されなくても当たり前の定理だ。つまり，数学の定理など何一つとして役に立たない。

私も最初にこの定理に出会ったとき，確かに直線が一番短いに決まっているのだから，そんなことは当たり前だ，と思ったことを思い出します。

三角形の二辺の和が他の一辺より大きいというのは，確かに直感的には明らかな事実に違いありません。歩いてみれば分かる，あるいは，お腹の空いたうさぎは餌箱に直進するという説明は，事実としてそれなりの重さを持ちます。しかし，この定理を証明するのに「2点間の最短距離は直線である」という命題を持ち出すのは少しだけ難点があります。それは，

　　　最短距離とは何か，

もう少し遡ると，

　　　距離とは何か

という問題に突き当たるからです。そして，付録2で触れますが，「2点間の最短距離は直線である」を数学の定理として証明しようとすると，変分学という初等幾何

学よりはずっと難しい数学を必要とするのです。では，変分学などという数学を持ち出さずに，2点間の最短距離が直線だということを証明しようとしたらどうなるのでしょう。ここにこの当たり前のような定理の重要性があると考えられます。

たしかにユークリッドの『原論』では，2点を通る直線はただ1本あると規定しています。しかし『原論』ではその長さには，つまり距離にはふれていません。1本だけある直線がもっとも短い距離を与えるというのは，三角形の二辺の和が他の一辺より大きいということが証明されて初めて分かることです。つまり，「2点間の最短距離が直線」だから，三角形の二辺の和が他の一辺より大きいのではなくて，「三角形の二辺の和が他の一辺より大きい」から2点間の最短距離が直線となるのです。その証明の構造をもう少し詳しく分析してみましょう。

●長さの比較

とりあえず，三角形の二辺の和と他の一辺の長さを比較しましょう。

では，その比較はどうするか。2つの線分の長さを比べるには，測るという行為を封じ手にしてしまうと，直接に比較する他はありません。直接比較するというのは，

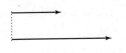

図3.1

線分の片方の端をそろえて同じ方向にのばし，もう一方の端がどうなるかで大小を比較するということです。

　もちろん，折れ線の端をそろえても，折れ線である限りは，もう一方の端の位置で長さを比べることはできません。したがって，ここでのもっとも基本的な視点は，折れ線をのばしてまっすぐにし，そのうえで比べるということになります。

　小学生でも分かる1つの方法を紹介しましょう。

　まず三角形を1つ描きます。

　図3.2のように，折れ線 AB＋AC をまっすぐな線 BD にします。

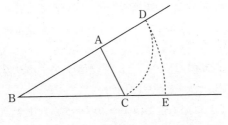

図3.2

BD を直線 BC 上に移します。どんな三角形を描いて
も，点 E は点 C の右にあらわれます。これで線分 BC
と折れ線 AB＋AC の直接比較ができるようになります。
おそらく，小学生や中学生ならこの説明で，三角形の二
辺の和が他の一辺より大きいことを納得してくれると思
われます。

しかし，点 E が点 C より右側に来るのはどうしてか，
どんな三角形でも必ずそうなるのか，という疑問を持っ
た生徒達には，結局この説明も循環論法です。

では，測るという行為を通さずに比較するには他にど
うしたらいいのでしょう。

これにはある視点の飛躍を必要とします。その飛躍と
は，長さを別の量に置き換えて比較するということです。
長さの大小をどんな量の大小に直せばいいか。それは
「視角」です。

海辺に立って沖を眺めるとき，広い風景を見ようとし
たら頭を動かさなくてはなりません。島を見るだけなら
そのまま見ればよいです。

これが基本原理です。長さ（距離）の大小が視角の大
小に対応しています。

しかし，この方法には 1 つの難点があります。たとえ
ば，太陽の直径は地球の直径の 100 倍もあります。けれ

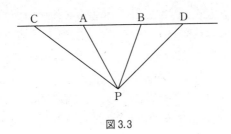

図 3.3

ど太陽の見かけの角度（視直径）は本当に小さい。また月の直径も 3400 km もありますが，月は腕を伸ばして持った 5 円玉の穴の中に入ってしまいます。つまり，同じ長さでもどの距離から見るかによって，その視角は変わってしまいます。小さな角度でも，角の辺を長くすれば開きは大きくなります。逆に言えば，大きなものでも遠くから見れば視角は小さくなります。角の大きさは角に挟まれた線分の長さをそのままでは反映していないのです。

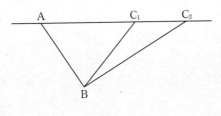

図 3.4

けれどもうまいことに，三角形の2つの角は必ず1つの辺を共有します。つまり，三角形の2つの角は1つの共通の長さの線分を持っています（三角形の重要な性質の1つ。しかし，本当に当たり前！）。

この共通の長さを基準にすれば，両端の角の大きさの比較は，結局，同じ頂点と辺を持つ角の大小の比較になります。

したがって，この場合は図3.4のように，視角の大小が角に挟まれた線分の長さの大小に一致します。

ここに前に述べた三角形の辺，角の大小関係についての定理の大切さがあります。1つの線分を辺として共有する2つの角については，角の大小はそのまま角に向かい合う辺の大小になるのです。

この事実を使って，三角形の二辺の和は他の一辺より大きいことが次のように証明されます。


**定理**

三角形の二辺の和は他の一辺より大きい。

**証明**

△ABC の辺 BA の延長線上に AC = AD となる点 D をとる。

∠ADC と ∠BCD において，

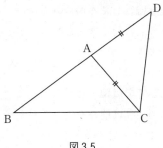

図 3.5

$$\angle BCD = \angle BCA + \angle ACD > \angle ACD$$

二等辺三角形の底角定理によって，

$$\angle ACD = \angle ADC$$

したがって，

$$\angle BCD > \angle ADC$$

よって，辺，角の大小関係の定理から

$$BC < BD$$
$$= AB + AD$$
$$= AB + AC \qquad [証明終]$$

これで三角形の二辺の和が他の一辺より大きいことが分かりました。折れ線と直線の大小関係を直線の大小関係に直し，それを角の大小関係になおして比較するとい

う見事な方法を鑑賞してください。

　ではしばらく，この定理から分かることをいくつか調べていきましょう。


## ●最短距離としての直線

　三角形の二辺の和は他の一辺より大きい。当然ながら $n$ 角形の $(n-1)$ 本の辺の和は残りの一辺より大きい。しかし，今度はこの事実を角の大小関係に還元して証明することができなくなります。証明は三角形の場合の一般化の形で行われます。この証明は簡単ではありますが，幾何学における帰納法の練習として，中学生には手頃な題材を与えるのではないでしょうか。


**定理**

多角形の一辺の長さは残りの辺の和より短い。

**証明**

三角形の二辺の和の定理より

$$AB < AC + BC$$

である。

　同じ定理から

$$BC < CD + BD$$

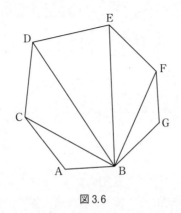

図 3.6

したがって

$$AB < AC + CD + BD$$

以下この操作を繰り返せばよい。　　　　　　[証明終]

　図では凸多角形ですが，この多角形は凹んでいても大丈夫です。

　さて，この定理は結果が分かってしまうと自明であるように思えます。

　しかし図 3.7 のように，曲線の長さはその上にとった点を結ぶ折れ線の長さで近似するということを考えると，この定理こそが幾何学的な視点での「2 点間の最短距離

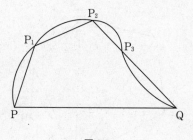

図 3.7

は直線である」ことの証明になっていると考えられます。
2点を曲線で結ぶと，その曲線を折れ線で近似すること
により曲線の長さは2点を結ぶ直線の長さより長くなる
ことが分かります。

　すなわち，ここでの証明の構造は

「2点間の最短距離は直線」だから「三角形の二辺の和
は他の一辺より大きい」

のではなく，

「三角形の二辺の和は他の一辺より大きい」だから「2
点間の最短距離は直線」

ということになります。

　これが全体を貫く論理の構造でした。

ところで，もう少し自明でない結果もあります。

こんな問題を考えてみましょう。

## ●正方形を埋め尽くす曲線

　三角形の二辺の和は他の一辺より大きい。では，ある三角形の内部に折れ線をとったとき，その折れ線の長さと三角形の辺の長さとはどんな関係にあるでしょう。もう少し一般に，ある多角形の内部に折れ線をとったとき，その折れ線の長さと多角形の辺の長さとはどんな関係にあるでしょうか。

### 定理

　多角形がすべて凸の場合は，内部にある凸多角形の周の長さは外部の凸多角形の周の長さを超えない。

### 証明

　図3.8のように，内部に含まれている凸多角形の辺を延長して，外部の凸多角形と交わらせる。すべて凸多角形なので，延長した線は必ず外側に延び，外部の凸多角形と1点で交わる。多角形の一辺の長さは残りの辺の和を超えないことを使うと，たとえば多角形QLCMにおいて，

$$QL + LC + CM > MR + RQ$$

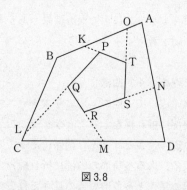

図 3.8

が成り立つ。

　これらの不等式を周辺のすべての多角形について加えると，QL や MR などは両辺で相殺されて，

$$AB + BC + CD + DA > PQ + QR + RS + ST + TP$$

が成立する。　　　　　　　　　　　　　　　　　　　　　[証明終]

　しかし，内部に含まれる多角形が凹んでいてもいい場合は，内部の多角形の周囲の長さはいくらでも長くなりえます。

　つまり一辺の長さが 1 である正方形の中にどんなに長い長さでもパックできます。細かく折

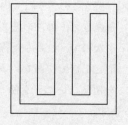

図 3.9

り畳んでしまえばよいのです。

これを使ったパズルを1つ紹介しましょう。

「名刺1枚に鋏で穴をあけて，人1人をくぐらせること
ができるだろうか」

常識的に考えるととても無理のようですが，上の事実
を使うと人1人がくぐれるくらいの穴をあけることがで
きます。こんな具合にすればよいのです。

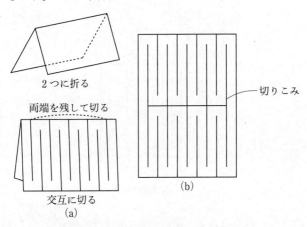

2つに折る

切りこみ

両端を残して切る

交互に切る
(a)

(b)

図3.10

1. 紙を2つに折り，そこに図3.10(a)のように交互に

切り込み線を描く。

　2.　山折りの部分の両端を残して，紙を重ねたまま切
　　り込み線にそって切る。

　3.　切った結果を平面に描くと図3.10(b)のようになる。

　　これを広げると大きな輪になる。交互に切る回数を増
やせば，理論的にはいくらでも大きな輪になる。


## ●ペアノ曲線

　このように，正方形の中にいくらでも長い折れ線をパ
ックすることができました。

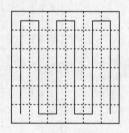

図3.11

　この操作をどんどん細かくしていきその極限をとると
どうなるでしょうか。折れ線が正方形を埋め尽くす？
確かに一見折れ線が正方形を埋め尽くすように見えます。
しかしこの構成には難点があります。

そもそも折れ線とは何なのでしょうか。

数学では折れ線，一般に連続曲線を閉区間 $[0, 1]$ から平面への連続関数として定義します。

$$t : [0, 1] \to R^2$$

ところが図3.11のような折れ線の構成だと，極限をとったときに関数 $t$ が定まりません。ということは，結局，正方形を埋め尽くすような折れ線（極限の折れ線）は作れないのでしょうか。じつはそうではありません。ある巧妙な手段によって，正方形のすべての点を通り尽くすような折れ線を極限として構成することが可能なのです。これをそのような特異な曲線を最初に構成した数学者の名前をとって「ペアノ曲線」といいます。構成の仕方は現在ではいろいろと考えられていますが，幾何学的，直感的に一番分かりやすいと思われる方法を紹介しましょう。（図3.12）

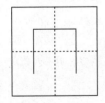 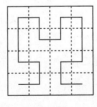 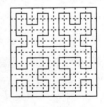

図3.12

このように，常に全体を細かく分割して一様に内部を埋め尽くしていくと，極限をとったときにきちんと連続関数が決定して，この折れ線は確かに極限において正方形を埋め尽くすことが知られています。

　このような折れ線の構成はほかにもいくつも知られていて，閉曲線だと次のような折れ線がきれいだし面白いです。

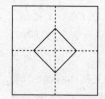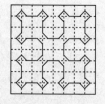

図 3.13

　この極限が正方形を埋め尽くすことはコンピュータ・グラフィックスを使うと確かめることができます。またこれらに関連してフラクタルと呼ばれる新しい図形が発見されました。いずれにしても，このような奇妙な「曲線」の存在が，曲線とは何かという主題の解明に大きな役割を果たしたのでした。

# 第4章
# 長さの大小に関係したいくつかの話題

　線分や曲線の長さの大小に関係した話題で興味深いものをいくつか紹介します。いずれも最短ということに関係した話題ですが，私たちが最短というとき，2つのことを何となく混同していることに注意しましょう。それは距離と時間です。普通，最短というときには距離を指すことが多いです。最短距離ともいいます。しかし実際の移動については，じつは最短時間を問題にすることのほうが多いのではないでしょうか。速さが一定なら移動時間の大小と移動距離の大小は一致します。しかし，実際の運動では加速度の問題などが関係して，必ずしも最短距離と最短時間は一致しません。その例はあとで紹介します。まず最初に，すこし不思議な感覚のパズルを紹介しましょう。

## ●正三角形の面積を二等分する線

問題

「正三角形の面積を二等分する線の最短の長さを求めよ」

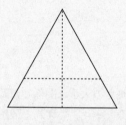

図 4.1

ごく普通の考えでは，これは図 4.1 の 2 つの直線のうちのどちらかです。2 つの直線の長さを計算してみます。簡単のため，正三角形の 1 辺の長さを 2 としましょう。したがってこの正三角形の面積は $\sqrt{3}$ です。

縦の線の長さ。

これは正三角形の半分を考えれば $\sqrt{3} = 1.7320508\cdots$ です。

横の線の長さ。

面積が半分の正三角形の面積は，横線の長さを $2x$ とすると $\sqrt{3}\,x^2$ だから，

$$\sqrt{3}\,x^2 = \frac{\sqrt{3}}{2}$$

となり，この方程式を解いて

$$x = \frac{\sqrt{2}}{2}$$

したがって，このときの横線の長さは $\sqrt{2} = 1.41421356\cdots$ となり，このほうが短いことが分かります。

　たぶんこれが最短の長さ？

　いや，実はそうではありません。もっと短い二等分線があるのです。問題にトリックがあって，最も短い線分といわず，最も短い線といっていることに注意してください。

　いまこの正三角形を6個集めて正六角形をつくります。（図 4.2）

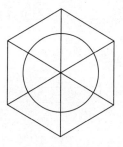

図 4.2

この正六角形の面積は $6\sqrt{3}$ です。六角形の中心を中心とする円でこの面積を二等分してみましょう。円の半径を $x$ とすると，円の面積はこの正六角形の面積の半分だから，

$$\pi x^2 = 3\sqrt{3}$$

です。したがって

$$x = \sqrt{\frac{3\sqrt{3}}{\pi}}$$

となりますが，このとき図形の中の正三角形を通る円弧は，当然ですが，この正三角形の面積を二等分しています。

円弧の長さを計算しましょう。

円周は

$$2\pi x = 2\pi\sqrt{\frac{3\sqrt{3}}{\pi}}$$

したがってその $\dfrac{1}{6}$ が円弧の長さだから，

$$\frac{\pi\sqrt{\dfrac{3\sqrt{3}}{\pi}}}{3}$$

となります。

具体的に数値計算すると，長さは 1.346773 … となり

ます。このほうが短い！

　もちろんこれは2点を結ぶ最短距離が直線であるということの反例ではありません。これらの直線や曲線は2点を結んでいるわけではありません。しかし，直線こそが最短距離だと思う我々の感覚が揺さぶられることは確かです。場合によっては曲線のほうが短いことがあるのです。


### ●最短距離と最短時間

　最初に「最短」を問題にしているとき，最短時間と最短距離の混同があるのではないかと述べました。自然現象は最も効率がよいように起きる，という原理を物理学では広い意味でのハミルトンの原理と呼びます。この場合は最短とは時間を指します。そのような現象の数学的な解析を2つほど紹介します。


#### 光の屈折

　箸をコップに入れると曲がって見えます。子どもの頃とても不思議だった光景も，学校で光の屈折という現象を学ぶと，光が屈折して箸が曲がって見えることが分かります。ところで，光は2点を結ぶ最短距離を走るのではないのでしょうか。

そうではありません。光は2点の間を最短時間で走ります。最短時間の経路が直線にならず折れ線になることがあるのです。

　光は空気と水の境目で折れ曲がります。これは直線が最短距離だということには反しています。しかし，きっと光にとってはその道筋のほうがAからBへ行くのに時間がかからないのに違いないです。ということはどういうことかというと，結局光は水中よりも空気中のほうが速度が速いのです。光はなるべく短い時間で空気中のAから水中のBまで行こうと考えます。すると必然的に速い速度で動ける空気中のほうを長く走り，速度が遅くなる水中のほうを短くしようとします。こうして光は屈折することになります。

　しかし本当に折れ曲がっていったほうが早いのでしょうか。三角形の二辺の和が他の一辺より大きいということは前に証明したことです。直線距離を走るより，折れ線を走ったほうが本当に時間的に短くなるのでしょうか。

　これを確かめてみましょう。

　距離＝速さ×時間です。したがって，距離を速さで割るとかかる時間がわかります。

　いま，空気中の点A $(-1, 1)$ から水中の点B $(1, -1)$ まで光が走るとしましょう。もし光の速度が空気中でも

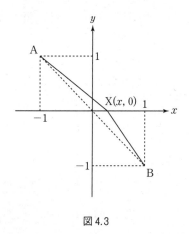

図 4.3

水中でも変わらなければ，A から B まで一番早く行く道は A, B を結ぶ直線になります。しかし実際は光は空気中のほうが水中より速く走ります。そこで図 4.3 の X を通って A から B まで行く時間 $f(x)$ を計算します。

空気中での光の速度を $u$，水中での光の速度を $v$ とします。AX の長さは

$$\sqrt{(1+x)^2+1}$$

また，XB の長さは

$$\sqrt{(1-x)^2+1}$$

だから，光はこの距離を

$$f(x) = \frac{\sqrt{(1+x)^2+1}}{u} + \frac{\sqrt{(1-x)^2+1}}{v}$$

で走ります。

一方，直線で A, B を結んだとき，光は A, B を

$$\frac{\sqrt{2}}{u} + \frac{\sqrt{2}}{v}$$

で走ります。したがって

$$\frac{\sqrt{(1+x)^2+1}}{u} + \frac{\sqrt{(1-x)^2+1}}{v} < \frac{\sqrt{2}}{u} + \frac{\sqrt{2}}{v}$$

が分かればよい。ただし $x$ は $0 < x < 1$ で $f(x)$ の値が最小となる値です。

いかにも難しそうな不等式ですが，光が点 X で屈折するときの時間がこの関数 $f(x)$ で与えられています。

ここに出てくる空気中での光の速度と水中での光の速度の比 $\frac{u}{v}$ を水の屈折率といいます。この値は水の温度によって少し違いますが，だいたい 1.3 から 1.4 くらいです。そこでこの不等式全体に $u$ を掛けておくと，

$$\sqrt{(1+x)^2+1} + \sqrt{(1-x)^2+1} \cdot \frac{u}{v} < \sqrt{2} + \sqrt{2} \cdot \frac{u}{v}$$

となりますが，水の屈折率 $\frac{u}{v}$ が 1.35 だとすると，結局

$$\sqrt{(1+x)^2+1} + 1.35\sqrt{(1-x)^2+1} < \sqrt{2}\,(1+1.35)$$

となります。

この式の右辺の値はだいたい 3.3234… だから，$0 < x < 1$ のときの左辺の最小値がこの値を超えないことが分かればよい。

左辺は整理すると

$$f(x) = \sqrt{x^2 + 2x + 2} + 1.35\sqrt{x^2 - 2x + 2}$$

です。

したがって $0 < x < 1$ のとき，左辺の関数 $f(x)$ の最小値が $f(x) < 3.3234$ となればよい。

これは無理関数の微分の問題ですが，いささか面倒くさくて，手作業では極小値を与える $x$ を求めるのはたいへんです。

そこでコンピュータにこの式の値が一番小さくなるような $x$，$0 < x < 1$ を求めさせてみましょう。

結局，左辺の値は $x = 0.280823…$ のとき一番小さくなって 3.28782… くらいということが分かります。だからこのとき光は A から B までを最短時間で走り，光は屈折します。

屈折率を 1.3 から 1.4 の間でいくつか動かしてみましょう。いずれの場合も $x$ が 0.28 前後の値で，この式の値が 3.31 より小さくなることが確かめられます。

屈折の問題は，たとえば高校の数学の教科書では次の
ような問題となってあらわれます。
「ある人が図4.4のような海辺の地点Pから地点Bま
で走り，地点Bから海上の地点Qまで泳いでいく。で
きるだけ早く着くには，地点Bを地点Aから何mの所
にすればよいか。ただし，海辺を走る速さは海を泳ぐ速
さの3倍であり，PA＝100 (m)，AQ＝80 (m) とする。」
(三省堂『数学Ⅲ改訂版』2000年より)

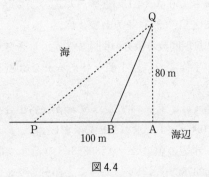

図4.4

　この問題が光の屈折の問題と本質的に変わらないのが
分かります。ここでは AB＝x とおけば，最短時間の経
路PBQでは，所要時間 $f(x)$ は泳ぐ速さを $v$ として

$$f(x) = \frac{100-x}{3v} + \frac{\sqrt{x^2 + 80^2}}{v}$$

となるから，この関数の最小値（$0 \leq x \leq 100$）を求めればよいです。今度の関数は微分して最小値を求めることができる手頃な関数で，答えは $x = 20\sqrt{2}$ となります。この場合は3が屈折率（砂浜率!?）に当たります。

### 最速降下線と変分法

17世紀末，数学者ヨハン・ベルヌーイが提出した次の問題は「最速降下線の問題」と呼ばれ，現在の変分学の原型になったといわれています。

### 問題

「物体がある平面内の曲線に沿って，重力の作用だけで降下するとき，原点から点 P$(a, b)$ に到達する時間がもっとも短い曲線はなにか？」

そんなもの，もっとも短い距離を移動するときに決まっている。したがって直線だ，と即断してはいけません。

もちろん，O, P を結ぶ最短経路は直線 OP です。したがって，物体の降下速度が一定なら，求める曲線は確かに O と P を結ぶ直線となります（2点を結ぶ最短距離は直線！）。しかし重力加速度のもとでは，前に調べた屈折の問題と同様に，物体の降下速度は一定ではありま

せん。屈折の場合は空気中と水中とで光の速度が違っていましたが、今度は時刻によって物体の速度が違います。

この問題は現在では次のように考えます。

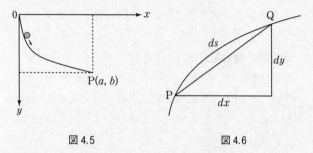

図 4.5　　　　　　　　　　　　図 4.6

まず、曲線の長さ $s$ を考えましょう。

弧 PQ の長さはほぼ弦 PQ の長さに等しいから、ピタゴラスの定理により

$$ds^2 = dx^2 + dy^2$$

したがって、

$$ds = \sqrt{1 + \left(\frac{dy}{dx}\right)^2}\, dx$$
$$= \sqrt{1 + (y')^2}\, dx$$

よって曲線の長さはこの微小な長さ $ds$ を積分して

$$s = \int_a^b \sqrt{1 + (y')^2}\, dx$$

となります。

　これが高等学校の数学Ⅲで学ぶ曲線の長さの公式です。

　次に物体の速さ $v$ を求めたい。

　座標系を図4.5のように設定しておくと，原点から $y$ だけ下がってきた場所では，もとの位置エネルギーが運動エネルギーに変わるから，物体の質量を $m$，重力加速度を $g$ とすれば，

$$mgy = \frac{1}{2}mv^2$$

したがって

$$v = \sqrt{2gy}$$

となり，定数部分は本質的でないので無視して，$v = \sqrt{y}$ となります。

　すなわち，座標 $y$ での移動時間は

$$\frac{\sqrt{1 + (y')^2}\,dx}{\sqrt{y}} = \sqrt{\frac{1 + (y')^2}{y}}\,dx$$

ですから，原点からPまで移動するのにかかる時間は

$$\int_0^a \sqrt{\frac{1 + (y')^2}{y}}\,dx$$

です。

　すなわち，最速降下線の問題は，この積分の値を最小

にする関数 $y = f(x)$ は何かという問題になります。

　少し一般的にいうと，$x$ の関数 $y = f(x)$ とその導関数 $y' = f'(x)$ の関係式 $F(x, y, y')$ について，積分

$$\int_a^b F(x, y, y') dx$$

の値の極値を与える関数を求める問題が考えられます。

　このような問題を扱う数学を変分学といいます。変分法は一般には複雑な微分方程式になり解くのは難しい。最速降下線の場合は典型的な変分学の問題としてたいていの変分学の教科書（たとえば『新数学事典』（大阪書籍）の変分学の項など）に解説があるので，解き方はそれを参照してください。

　解は直線ではなく，サイクロイドと呼ばれる次の曲線となります。

$$\begin{cases} x = a(2\theta - \sin 2\theta) \\ y = a(1 - \cos 2\theta) \end{cases}$$

　普通は $2\theta$ を改めて $\theta$ とおいて

$$\begin{cases} x = a(\theta - \sin \theta) \\ y = a(1 - \cos \theta) \end{cases}$$

をサイクロイドといいます。定数 $a$ はサイクロイドが通過する点によって決まります。サイクロイドは円が直線

の上を滑らずに転がるとき，円周上の定点Pが描く軌跡で次のような形をしています。

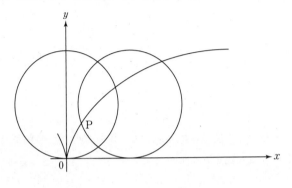

図 4.7

　実際のサイクロイドを手作業で正確に作図するのはそうやさしくありません。コンピュータを使えば簡単に描けます。

　実際にボールをサイクロイドの坂道と直線の坂道で同時に転がしてみると，サイクロイドの坂道が最速であることが体験できます。しばらく前に国立科学博物館で開かれた数学の展覧会にこのような坂道のモデルが展示されていました。これも最短距離が直線であることの反例ではないのですが，やはり少し常識に反するところがあります。

# 第5章
# 長さの和を最小にする問題

　三角形の二辺の和に関連して，折れ線の長さの和を最小にする問題をいくつか考えます。

## ●橋を架ける問題
### 問題
「川をはさんで2点P, Qがある。P, Qの道のりが最小になるように川に橋を架けたい。どこに架けたらいいか。ただし橋は川に直角に架ける」

　有名な問題ですが，これには思い出があります。高校生のときこの問題に出会いました。今から考えると簡単な問題なのですが，私にはこの問題が解けませんでした。2点間の最短距離は直線であることはもちろん知っていましたが，そのことが頭から離れず，図5.1のように橋

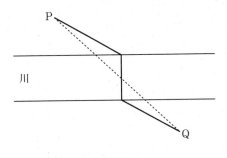

図 5.1

を架け，これが最短であることを証明しようとして悪戦
苦闘しました。

すなわち，まず P, Q を直線で結び，その中点に橋を
架ければよいと思いこんだのです。

残念ながらこれは間違いです。

解決のポイントは，橋をどこに架けようとも，川幅は
変わらず常に一定であるという点にありました。

点 P を川幅だけ下に平行移動した点を P′ とします。
P′, Q を結ぶ直線が川の Q 側の岸と交わる点を B とし，
B を一方の端とする橋 AB を架けます。

折れ線 PABQ が求める最短経路です。

他の位置に橋 CD を架けたとしましょう。このときの
経路 PCDQ は四角形 PP′DC が平行四辺形だから

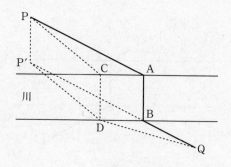

図 5.2

$$PCDQ = PP'DQ$$
$$> PP'Q$$
$$= PABQ$$

となり，折れ線 PABQ が最短経路であることが分かります。

　この問題はその昔，大学の入試問題に出題されたことがあるらしい。のどかな時代を思わせます。


## ●寄り道をする問題
### 問題

「図 5.3 のように 2 点 A, B と直線 *l* が与えられているとき，*l* 上に点 P をとり，折れ線 AP＋PB の長さを最小にせよ」

これは，人が A から出発して B に向かうとき，途中
$l$ に寄り道をする，このときの最短経路を求めよという
ことで，川で水くみをして帰るという脚色で出題される
ことも多いです。ウサギが水を飲んでから帰るという脚
色をした先生もいました。

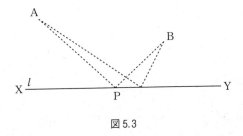

図 5.3

　この問題も昔考えたとき，A, B の中点から下ろした
垂線の足あたりではないかと思っていました。残念なが
ら，この考えも間違いで，2 点が $l$ から等距離にないと
成り立ちません。この問題を解く鍵は，$l$ を鏡と考える
ことにあります。A から出発した光が鏡 $l$ で反射して B
に届くようにします。光は最短時間で B に行こうとし
ます（ハミルトンの原理）。ここでは光はずっと空気中
を走り，速度は一定だから，今度は屈折の場合と違って
最短距離を走るでしょう。

　ところで，光の反射の法則はとても明解で，入射角と

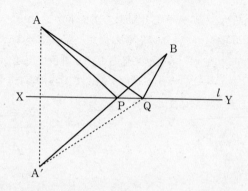

図 5.4

反射角が等しい。つまり，∠APX＝∠BPY となるよ
うな点が最短距離を与えることになります。

では，このような点を探しましょう。

A の l についての対称点を A′ とし，A′，B を直線で
結び，l との交点を P とします。このとき

$$∠APX = ∠A'PX$$
$$= ∠BPY$$

となるから，確かに入射角と反射角が等しくなり，光は
この経路を走ります。l 上の他の点を Q とすれば

$$AQ + QB = A'Q + QB$$
$$> A'B$$

となり，これが最短経路であることが分かります。

　この反射の法則は他のいろいろな最短距離の問題に応用できます。

　次のような問題を考えましょう。

「長方形の辺上の定点を A とする。A を出発し他の 3 辺に立ち寄って A に戻る経路のうち最短となるものを求めよ」（図5.5）

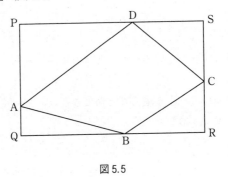

図5.5

　この場合も長方形の各辺を鏡に見立てて，A を映した点を考えればよい。

　辺上の他の点では経路は $A_2$ と $A_3$ を結ぶ折れ線になることを確かめてください。（図5.6）

　各点で入射角と反射角が等しくなっていることが分か

ります。

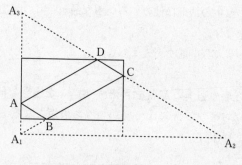

図 5.6

　では，寄り道をするのが川ではなく池だったらどうなるでしょう。

　実際の池では中を通ることができないので，問題としては次のようにします。

　**問題**

「円の外側に 2 点 A, B がある。円周上に点 P を取り，PA ＋ PB を最小にせよ」（図 5.7）

　この問題を純幾何学的に解くのはむずかしいですが，そのような点がどういう点なのかは次のようにして分かります。

84

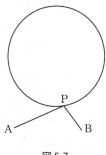

図 5.7

　円 O 上に ∠APO＝∠BPO となる点 P をとれば，これが求める点です。

　P での円の接線を引き，それに関して B と対称な点を B′ とします。

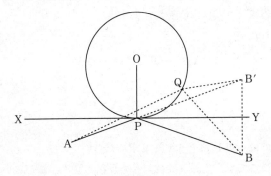

図 5.8

このとき，

$$\angle B'PY = \angle BPY$$
$$= \angle BPO - \angle R$$
$$= \angle APO - \angle R$$
$$= \angle APX$$

したがって，$A, P, B'$ は一直線上にあり，

$$PA + PB = AB'$$

です。

　円周上の他の点を Q としましょう。このとき，$QA + QB' > AB'$ です。ここで，XY は円の接線だから，円はその片側にあり，したがって Q は XY の上側にあります。XY は線分 $BB'$ の垂直二等分線だから，前の考察により $QB > QB'$ です。

　したがって

$$QA + QB > QA + QB'$$
$$> AB'$$
$$= PA + PB$$

となります。

　では，点 P はどうやって求めたらいいのか。

　ここでも，接線 XY に対して反射の法則が働いていることに注目しましょう。すなわち $\angle APX = \angle BPY$ と

86

なっています。

接線に対しての反射の法則，というと何か思い出さないでしょうか。そう，楕円の焦点と接線の関係です。

楕円の1つの焦点から出発した光は，楕円面で反射してもう1つの焦点に到達します。

図5.9で∠FPX＝∠F′PY です。

したがって点Pを求めるには，A, Bを焦点とし円O に接する楕円を求めればよい。しかし残念ながらそのような楕円をコンパスと定規で作図する方法はないことが知られています。

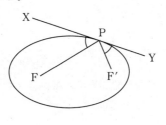

図5.9

というわけで，この問題は作図問題としては解答不能ですが，Pが存在していることは確かです。

## ●鋭角三角形に内接する三角形の辺の長さ

鋭角三角形 △ABC を考えましょう。この三角形の三

辺上に点 P, Q, R を取り，内接三角形 △PQR をつくります。△PQR の三辺の和は，前の考察によって △ABC の三辺の和より小さい。

　では，内接三角形の三辺の和の最小値を与える三角形 △PQR は何でしょうか。

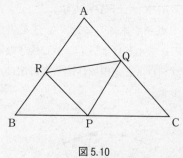

図 5.10

　この問題はかなり難問です。順をおって考えてみましょう。

　**問題**

「鋭角 ∠XOY の内部に点 P を取り，角の辺上に 2 点 Q, R を取る。このとき三角形 △PQR の辺の和を最小にするにはどうしたらよいか」

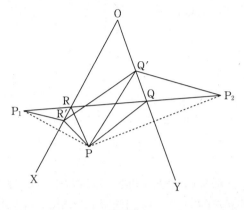

図 5.11

これは寄り道問題の拡張です。すでに寄り道問題を考えていたので、考えやすいでしょう。

点 P の辺 OX, OY についての対称点をそれぞれ $P_1$, $P_2$ とします。

$P_1$, $P_2$ を結ぶ直線と辺との交点を R, Q とします。三角形 $\triangle$PQR が求める最小値を与える三角形です。

**証明**

他の三角形を $\triangle PQ'R'$ としよう。

$PR' = P_1R'$ などより

$$PQ' + Q'R' + R'P = P_2Q' + Q'R' + R'P_1$$
$$> P_1P_2$$
$$= PQ + QR + RP$$

である。　　　　　　　　　　　　　　　　　　　[証明終]


　つまり，2点を結ぶ折れ線の長さはその2点を結ぶ直線の長さより長い，という問題に還元されたことになります。

　これを使うと，鋭角三角形 ABC に内接する三角形の周囲の長さについて，BC 上の点 P を固定すれば図 5.12 のような場合の三角形 △PQR の周囲の長さが最短であることが分かります。

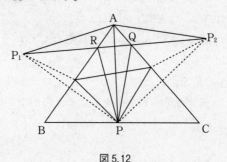

図 5.12


ここで点 P を辺 BC 上を動かすのですが，しばらく

図 5.12 を観察しましょう。

しばらく眺めていると，三角形 $AP_1P_2$ が二等辺三角形らしいことに気がつきます。

実際，

$$AP_1 = AP = AP_2$$

だから，$\triangle AP_1P_2$ は二等辺三角形です。

もう少し何か分からないでしょうか。

じつは $\triangle AP_1P_2$ の頂角 $\angle P_1AP_2$ は一定です。なぜなら

$$\angle P_1AP_2 = \angle P_1AR + \angle RAP + \angle PAQ + \angle QAP_2$$
$$= 2\angle RAP + 2\angle PAQ$$
$$= 2(\angle RAP + \angle PAQ)$$
$$= 2\angle BAC$$

となっているからです。

したがって，$\triangle PQR$ の周囲の長さは，頂角が一定である二等辺三角形 $\triangle AP_1P_2$ の底辺の長さに等しい。

つまり，もとの問題は次のような問題に還元されます。


**問題**

「頂角が一定の二等辺三角形 $\triangle AP_1P_2$ の底辺の長さはどんなときに短くなるか」

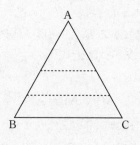

図 5.13

　これはほぼ自明です。すなわち，

　頂角が一定の二等辺三角形の底辺の長さの大小は，等辺の長さの大小に一致します。

　だから，二等辺三角形 $\triangle AP_1P_2$ の辺 $AP_1$ の長さが最小になるような点 P を見つければよいです。

　ここで，辺 $AP_1 = AP$ だったから，結局点 P は AP の長さが最小になるように選べばよいです。これはすでに調べておいたし，直感的にも明らかですが，AP が A から BC への垂線になっているときです。これで問題が解決しました。鋭角三角形に内接する三角形の周囲の長さが最小になるのは，図 5.14 で AP⊥BC のときです。

　このとき Q, R は P の対称点を取り決めればよいのですが，じつはこれらの点は次の性質を満たしています。

　最初に P を固定して $\triangle PQR$ の辺の和の最小を求めま

したが，最初に固定する点はQでもRでも同じですから，これらの点もPと同じ条件をみたすはずです。したがって，これらの点は向かい合っている頂点から対辺に下ろした垂線の足になります。三角形の三垂線が1点で交わることはよく知られていて，その点を三角形の垂心といい，垂線の足がつくる三角形をもとの三角形の垂足三角形といいます。

よって，求める三角形 △PQR はもとの三角形の垂足三角形になります。

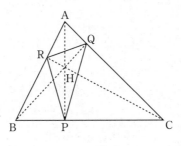

図 5.14

この結果を別の見方で眺めてみましょう。

垂足三角形には次のような性質があります。

**定理**

垂足三角形の内角は各垂線によって二等分される。

**証明**

図 5.14 を使って証明する。

四角形 HPCQ は ∠HPC = ∠HQC = ∠R だから円に内接する。他の四角形 HRBP, HQAR も同様である。

したがって,

$$∠HPQ = ∠HCQ$$
$$∠HPR = ∠HBR$$

となる。

ところで, △ARC, △AQB は直角三角形で ∠RAQ は共通だから,

$$∠ABQ = ∠ACR$$

すなわち,

$$∠HPQ = ∠HPR$$

となる。 [証明終]


つまり, 垂足三角形は各点 P, Q, R で反射の法則を満たしています。この場合も光が最短経路を走るということが成り立っていたのです。

## ●鋭角三角形の内部の点から各頂点に至る長さの和の最小

前の問題を少し変えて次の問題を考えます。

「鋭角三角形 △ABC の内部に点 P を取り，
PA＋PB＋PC を最小にせよ」

いま，AP を一定に保ったまま P を動かしてみましょう。つまり P は A を中心とする半径一定の円上を動きます。

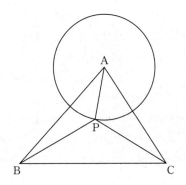

図 5.15

これは B, C を出発点，終点とする円形の池への寄り道問題ではありませんか！

したがって，この場合は

$$\angle APB = \angle APC$$

となるとき PA＋PB＋PC は最小になります。

これは，BP, CP についても全く同様です。

つまり，求める点は

$$\angle APB = \angle BPC = \angle CPA$$

となる点で，もちろんこの角は $360°$ の $\dfrac{1}{3}$ で $120°$ です。この点を三角形 △ABC のフェルマー点といいます。

フェルマー点を求めるのに一番簡単な方法は，$120°$ で交わる 3 直線定規を作り，それを三角形の中にいろいろと動かし，直線が 3 頂点を通るようにすることでしょうが，これではあまりに試行錯誤すぎるかもしれないから，具体的な作図方法を考えてみましょう。

$120°$ という角度を作ればよいです。$120°$ といえば $60°$ の倍で $240°$ の半分です。なんのことか，と思われるかもしれませんが，正三角形を使おうという魂胆です。

三角形 △ABC の辺 BC, AC 上に正三角形 △BDC と正三角形 △ACE を作り，それぞれの外接円を描きます。この 2 つの円の交点を F とすれば，この F が求めるフェルマー点です。なぜなら四角形 BDCF は円に内接するから，$\angle BDC + \angle BFC = 180°$ となりますが，$\angle BDC = 60°$ だから，$\angle BFC = 120°$ となります。

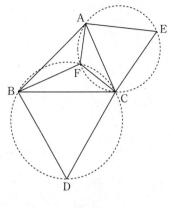

図 5.16

　ところで，この問題は不思議なことに，元の多角形を
凸四角形にすると，とても簡単になってしまいます。

**問題**
「凸四角形のABCDの内部に点Pをとり，
PA＋PB＋PC＋PDを最小にせよ」

　何のことはない。この場合には対角線の交点が求める
点です。それは図 5.17 を見ていれば明らかでしょう。
　結局，一見あまりにも明らかそうな，三角形の二辺の

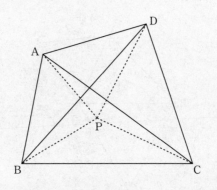

図 5.17

　和は他の一辺より大きい，という命題でも，その内容を
吟味してみると結構いろいろな問題を含んでいます。ま
た，折れ線の長さの大小を比べるという，日常生活でも
いろいろな場面で出会いそうなことのもっとも基本の部
分が，この性質に依存していることなどが分かります。
　菊池寛には，一見簡単そうなことがらの中にも数学的
に考えると大変に興味深い事実が潜んでいるのだという
ことを伝えたいものです。

# 第6章
# 三角形の内角和と平行線公理

## ●三角形の内角和は 180°

### 定理 A

「三角形の内角の和は 180° である」

　三角形の内角和が 180° になることは，数学の定理の中ではわりとよく知られています。こちらのほうは，三角形の二辺の和と違って，最初から実用性など考えていないらしいから，かえって記憶に残りやすいのかもしれません。

　小学生のときにこの定理をどう証明したのか思い出してみましょう。平行線を使った証明も鮮やかなので，小学校でその証明を学んだように思っている人もいるようですが，もちろん小学校ではそういう説明はしていません。大まかに分けると，

(1) 実際に分度器を使い，内角を測りその和を計算
する。

(2) 紙から三角形を切り取り，その3つの内角をち
ぎって並べてみる。

という方法があります。


測定をするのは分かりやすいですが，残念ながら誤差
が付き物です。実際，子どもたちに勝手に描かせた三角
形で測って見ると，180°に少し足りなかったり少し多
かったりします。だいたい180°になることは納得でき
ても，正確に180°になるかどうかには確信が持てない
かもしれません。これには分度器という器械が子どもた
ちには使いにくいということも影響しているようです。
この場合は内角の値が整数値になるような三角形を与え
てしまうほうがいいでしょう。

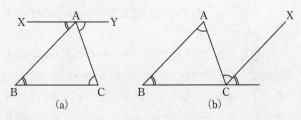

図6.1

一方，三角形を切り取る方法は，どんな三角形でもほぼ正確に一直線になります。ちぎって並べ替えた角に定規を当ててみれば，一直線になることが実感できるでしょう。しかし，この方法も数学固有の方法ではありません。

　もちろん，よく知られているように，三角形の内角和が180°になることを証明するには頂点から平行線を引きます。

　使う定理を確かめておきましょう。


**定理 B**

「平行線に他の一直線が交わってできる錯角（同位角）は等しい」


　使う平行線は図6.1のどちらかです。
　ところで，この定理の逆は


**定理 C**

「二直線に他の一直線が交わってできる錯角（同位角）が等しければ，この二直線は平行である」


となります。

話題がいささか込み入ってきますが，ここでユークリッドの第5公理，いわゆる平行線公理をユークリッドの『原論』の形で述べておきます。

**平行線公理**（ユークリッドの第5公理）
「二直線に他の一直線が交わってできる同じ側の内角の和が180°より小さければ，この二直線を延長するとその内角の側で交わる」

　平行線公理は普通

「直線外の1点を通り，その直線に平行な直線はちょうど1本ある」

と述べられることが多い。これは18世紀の数学者プレイフェアによる平行線公理の言い換えで，内容的にはこの言い方の方がずっと分かりやすいですが，公理のもとの形は上のようになっています。じつは少し詳しく平行線公理を調べてみると，ユークリッドの公理がいかに慎重にその言い回しを選んでいるのかが分かるのですが，それは後で述べましょう。
　ここで考察するのは，定理 A, B, C と平行線公理の関係です。

定理 B から定理 A「三角形の内角の和は 180° である」が導けます。念のため証明を紹介しておきましょう。図6.1(a)の図を使うことにします。

**証明**

点 A を通り底辺 BC に平行な直線を XY とする。

定理 B より，

$$\angle CBA = \angle BAX, \ \angle BCA = \angle CAY$$

したがって

$$\angle BAC + \angle CBA + \angle BCA = \angle BAC + \angle BAX + \angle CAY$$
$$= \angle XAY$$
$$= 180° \qquad [証明終]$$

なんということもない普通の証明？です。確かにこの証明自体には何の問題もないような気がします。しかし，少しだけこだわってみましょう。こだわりの元は証明の最初にあります。

## ●平行線はあるか？

証明はこんなふうに始まっていました。

点 A を通り底辺 BC に平行な直線を XY とする。

つまり平行線という補助線を引いたことになります。

何が問題か？

そうです。平行線は本当にあるのだろうか？　平行線がなければこの補助線は引けません。では，平行線の存在を保証しているのは何でしょう。

ここで定理Cが意味を持ちます。

定理Cを用いると，∠PQY＝∠QPZ，すなわち錯角が等しくなるように線ZWを引けば，XY∥ZWとなり，平行線が確かに存在することが分かります。

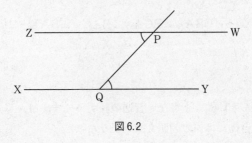

図6.2

では，その定理C

「二直線に他の一直線が交わってできる錯角（同位角）が等しければ，この二直線は平行である」

はどのように証明できるのでしょうか。

**証明**

証明は背理法による。

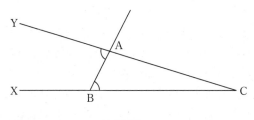

図 6.3

∠ABC = ∠BAY かつ二直線が平行でないと仮定する。二直線の交点を C とする。三角形 △ABC で外角 ∠BAY とその内対角 ∠ABC について，

$$\angle BAY > \angle ABC$$

であるが，仮定より

$$\angle ABC = \angle BAY$$

となり矛盾。　　　　　　　　　　　　　　　　　[証明終]

これで証明は終わりますが，三角形の外角がその内対角より大きいのはなぜでしょうか。

「三角形の外角は内対角の和に等しい」

のだから当たり前？

　果たしてそうでしょうか。

　三角形の外角が内対角の和に等しいのは，三角形の内角の和が180°だからです。ところが，我々は三角形の内角の和が180°になることの証明を求めてその源を探してきたのでした。したがって，ここで「三角形の外角はその内対角より大きい」ことの根拠として「三角形の内角和が180°に等しい」ことを持ち出すと循環論法になってしまいます。循環論法については，二等辺三角形の底角定理について考えたときにも出会いました。これはきちんと考える必要がありそうです。

　三角形の内角和が180°であることを使わずに，三角形の外角が内対角より大きいことが証明できるでしょうか。

　じつはユークリッドの『原論』では命題16でまさにその証明がなされています。証明は以下の通りです。

**定理**
　三角形の外角はその内対角より大きい。
**証明**
　辺 AC の中点を M とし，BM の延長上に BM = DM となる点 D をとる。

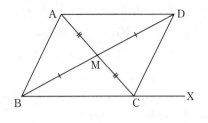

図6.4

　△ABM と △CDM で

$$AM = CM, \quad BM = DM$$

かつ ∠AMB と ∠CMD は対頂角で等しいから，二辺夾
角の合同定理によって，

$$\triangle ABM \equiv \triangle CDM$$

となる。

　したがって

$$\angle BAM = \angle DCM$$
$$< \angle ACX$$

である。　　　　　　　　　　　　　　　　　［証明終］


　これで外角が内対角より大きいことが分かりました。
この段階でプレイフェアの言い換えによる平行線公理

が，内容的には少し重複していることが分かります。すなわち，直線外の1点を通ってその直線に平行な直線が「ある」ことは，平行線公理を使わなくても証明ができるのです。したがって，プレイフェアの公理は平行線が「ちょうど1本」存在することを主張しているのです。

　論理の構造を整理しておきます。


　三角形の内角和が180°になることを使わずに，外角が内対角より大きいことを示します。

　これを使い，錯角が等しければ平行となること（定理C）を示します。これで平行線が少なくとも1本は存在することが分かります。平行線公理は使いません。

　平行線では錯角，同位角が等しいこと（定理B）を使い，三角形の内角和が180°であることを示します。


　定理Cは平行線があることを示すのに使われ，三角形の内角和が180°であることを直接に支えているのは定理Bです。

　では，定理B「平行線に他の一直線が交わってできる錯角（同位角）は等しい」が成り立つのはなぜでしょうか。

## 平行線の公理

### 定理 B

平行線に他の一直線が交わってできる錯角（同位角）は等しい。

ともかく証明をしてみましょう。

### 証明

証明は背理法で行う。

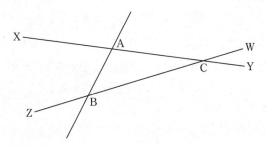

図6.5

錯角が等しくないと仮定する。したがってどちらかが大きい。どちらでも同じなので,

$$\angle ABZ > \angle BAY$$

としよう。よって,

$$\angle BAY + \angle ABW < \angle ABZ + \angle ABW$$
$$= \angle ZBW$$
$$= 180°$$

である。

　よって，平行線公理より二直線 XY と ZW は Y, W を延長した側で交わり，これは二直線が平行であることに反する。　　　　　　　　　　　　　　　　[証明終]

　今度は平行線公理が使われました。

　もう一度，論理構造を整理しておきましょう。

平行線公理 ⟶ 定理B（＋定理C）⟶ 三角形の内角和定理

となります。定理Cは平行線公理なしで成り立ちます。

　では，平行線公理なしに三角形の内角和についてどのようなことがいえるでしょう。

　平行線公理なしでも三角形について次のことが成り立ちます。


**定理**（サッケリー・ルジャンドル）

三角形の内角和は 180° を超えない。


　これは三角形の内角和が 180° であることを「知って

いる」人にとってはかなり奇妙に聞こえる定理ですが，平行線公理を仮定しないと，三角形の内角和は 180° より大きくなることはないということしかいえないのです。

証明のために，いくつかの補助定理を示しましょう。平行線公理を使わずに証明されていることに注意してほしいです。

### 補助定理 1

三角形の外角は内対角より大きい。

これはすでに 106 〜 107 頁で証明しました。

### 補助定理 2

三角形の 2 つの内角の和は 180° より小さい。

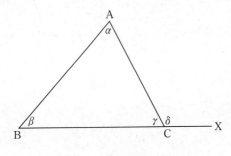

図 6.6

**証明**

補助定理1により図6.6で $\angle\alpha < \angle\delta$ である。したがって

$$\angle\alpha + \angle\gamma < \angle\delta + \angle\gamma = 180°$$

である。 [証明終]

最後に少し技術的な補助定理を用意します。

**補助定理3**

三角形 $\triangle ABC$ に対して，内角和が $\triangle ABC$ の内角和に等しく，かつ

$$\angle A' \leqq \frac{1}{2}\angle A$$

となる三角形 $\triangle A'B'C'$ が存在する。

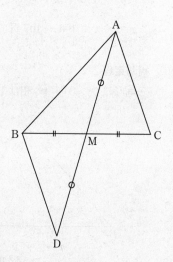

図6.7

**証明**

三角形 △ABC の辺 BC の中点を M とする。AM の延長上に AM＝DM となる点 D をとる。

三角形 △AMC, △DMB で

$$AM = DM$$
$$CM = BM$$
$$\angle AMC = \angle DMB$$

よって，二辺夾角の合同定理により

$$\triangle AMC \equiv \triangle DMB$$

である。

したがって，

$$\angle CAM = \angle BDM$$
$$\angle ACM = \angle DBM$$

となり，

$$\angle BAC + \angle CBA + \angle ACB$$
$$= \angle BAM + \angle MAC + \angle CBA + \angle ACB$$
$$= \angle BAM + \angle CBA + \angle CBD + \angle BDA$$
$$= \angle BAD + \angle ABD + \angle BDA$$

となるから，2 つの三角形 △ABC と △ABD の内角和は等しい。

しかも，

$$\angle BAM + \angle MAC = \angle BAC$$

だから，$\angle BAD$ と $\angle BDA$ のどちらか一方は $\frac{1}{2}\angle BAC$ 以下である。

よって，$\triangle ABD$ を $\triangle A'B'C'$ とすればよい。

[証明終]

この補助定理により，$\left(\frac{1}{2}\right)^n \to 0$ $(n \to \infty)$ だから，三角形の内角和を一定に保ったまま，1つの内角がいくらでも小さい三角形（細長い三角形）を作れることが分かります。

これを使ってサッケリー・ルジャンドルの定理を証明しましょう。

### サッケリー・ルジャンドルの定理の証明

証明は背理法で行う。

$\triangle ABC$ の内角和が $180°$ より大きいと仮定し，

$$\angle A + \angle B + \angle C = 180° + \alpha \ (\alpha > 0)$$

とする。

補助定理から，内角和が $180° + \alpha$ で1つの内角（$\angle A'$ とする）の大きさが $\alpha$ より小さい三角形 $\triangle A'B'C'$ が作

れる。

このとき，

$$\angle A' + \angle B' + \angle C' = 180° + \alpha$$
$$\angle B' + \angle C' = 180° + \alpha - \angle A'$$

ここで，作り方から

$$\alpha > \angle A'$$

だから

$$\angle B' + \angle C' > 180°$$

となり，補助定理2の三角形の2つの内角の和が180°
より小さいことに反する。 　　　　　　　　　　　[証明終]


さて，以上の考察から分かったことをまとめておきま
しょう。

　直線外の1点を通り，もとの直線に平行な直線が少な
くとも1本存在することは，平行線公理を使わなくて証
明できます。

　平行線公理を使うと，三角形の内角和が180°である
ことが証明できます。

　平行線公理を使わずに，三角形の内角和が180°以下
であることが証明できます。

　以上から，三角形の内角和が180°になることと平行

線公理の間には密接な関係があることが分かります。

　実際，次の事実が成り立ちます。


**定理**

　平行線公理と三角形の内角和が 180° になることは同値である。

**証明**

　すでに平行線公理から三角形の内角和が 180° になることが証明できることは示した。また，平行線公理とは関係なく平行線が少なくとも 1 本は存在することも示した。

　したがって，三角形の内角和が 180° になることから，直線外の 1 点を通る平行線がちょうど 1 本存在することを証明すればよい。

　直線 $l$ 外の 1 点 P から $l$ に下ろした垂線の足を H とし，P を通って PH に垂直な直線 $m$ を引けば $l /\!/ m$ である。

　したがってこれ以外に平行線がないことがいえればよい。

　今直線 $l$ 上に H を出発点として，

　　$PH = HH_1$,　$PH_1 = H_1H_2$,　$PH_2 = H_2H_3$,　……

となる点 $H_1, H_2, H_3, \cdots$ をとる。

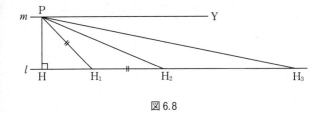

図 6.8

　このとき $\triangle PHH_1$ は直角二等辺三角形で，その内角
和は $180°$ だから，二等辺三角形の底角定理により

$$\angle HH_1P = 45° = \frac{1}{2}\angle R$$

である。

　また，$\triangle PH_1H_2$ も二等辺三角形で，その内角和は
$180°$ かつ頂角は $135°$ だから，再び底角定理により

$$\angle HH_2P = 22.5° = \frac{1}{2^2}\angle R$$

である。

　これを繰り返して

$$\angle HH_nP = \frac{1}{2^n}\angle R$$

となり，この角はいくらでも小さくとれる。

もう1つ，角の計算により

$$\angle H_n PY = \angle R - \angle HPH_n$$
$$= \angle R - (\angle R - \angle HH_n P)$$
$$= \angle HH_n P$$
$$= \frac{1}{2^n} \angle R$$

となることに注意しておこう。ここでは平行線の錯角が等しいことは使っていないことにも注意する。ここで平行線の錯角が等しいことを使ってしまっては元も子もない。P を通り $m$ と異なる直線を $n$ とする。$n$ と PH は鋭角 $\alpha$ をなすとしても一般性を失うことはない。

このとき，$n$ を十分大きくとると

$$\frac{1}{2^n} \angle R < \alpha$$

となり，直線 $n$ は $\angle HPH_n$ の中にある。

したがって，直線 $n$ は $HH_n$ 間で直線 $l$ と交わる。

[証明終]


平面幾何学の学習が図形のいろいろな性質を調べることにあることは間違いなく，それらの性質の中には大変にきれいでかつ面白いものがたくさんあります。しかし，これまで見てきたように，数学での論理とは何か，ある

いは，論理的とはどういうことかを図形教材の中で考え
ようとするときは，難しい問題に挑戦することばかりが
方法なのではないと考えられます。二等辺三角形の底角
定理あるいは平行線の問題に限っても，なぜその証明が
考えられたのかを少しきちんと追求することによって，
数学における論理の厳しさと美しさを実感できます。こ
こに紹介した題材はすべて中学生なら十分に理解できる
ことだと考えています。

　では，次章以下で平面幾何学の面白さの別の側面を考
えていきましょう。

# 第7章
# 補助線の楽しさ

## ●補助線，ミステリの発見

さて，平面幾何の面白さの１つはなんといっても補助線の発見にあることは間違いありません。平面幾何のオールド・ファン（失礼！）も，幾何学では補助線を見つけることが面白かった，ということが多いです。私自身も平面幾何を考えていて，うまい補助線が発見できたときほど嬉しかったことはありません。それこそが考える面白さの源泉ではないかとさえ考えます。

ところが，この補助線の発見は実は教育という行為になじまないところがあるのではないでしょうか。つまり，どうやって補助線を発見するかということはなかなか人に教えて伝わることではないようです。これは平面幾何を楽しんでいる１人１人が，たくさんの幾何の問題を解く過程でカンと経験を蓄積していく他ないという職人芸

的側面があるからです。このあたりが幾何嫌いの人にとって1つの障害になってしまうのかもしれません。

しかし，これは幾何学の面白さの源泉でもあり，また，うまくできていてきれいな補助線をいくつか鑑賞することによって学び取れる発想法もあります。この章ではこういった巧みな発想の補助線をとりあげて，いくつか鑑賞してみましょう。

## ●簡単な補助線

補助線のなかでもっとも見つけやすいものは，与えられた図の中にすでに現れている2点を結ぶものです。これは，直線は2点を決めれば決まるという視点からいえば，いわばその図の中にすでに存在しているにもかかわらず，目に見えていない透明な線と考えられます。それを目に見えるようにしてやればいいわけで，発見しやすい補助線といえましょう。

1つ例を挙げます。

### 問題

「平行四辺形 ABCD の辺 BC の中点を M とする。このとき，線分 AM と対角線 BD の交点 G は対角線 BD を三等分する点の1つである」

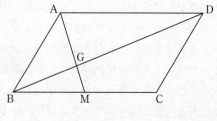

図 7.1

　中点と違って三等分点，一般に三等分というのは平面幾何では比較的扱いにくい主題です。とくに幾何学ではコンパスと定規による角の三等分の問題という有名な難問（不可能であることが数学的に証明されています）が頭に浮かぶこともあり，この問題も初めて幾何学を学ぶ人なら漠然と眺めていても，なかなか手がかりが摑めないかもしれません。中点と三等分ということととをどう結びつけたらいいのでしょうか。

　平行四辺形にはいろいろな性質がありますが，その中の１つに対角線が互いに他を二等分するというものがあります。これがこの問題の手がかりです。

**証明**

　対角線 AC を引き，BD との交点を O とする。AM と BO の交点を G とする。三角形 △ABC で，AM, BO は

2本の中線だから，その交点の G は三角形 △ABC の重心である。

　したがって，BG：GO＝2：1，すなわち，
BG：BO＝2：3。したがって

$$BG：BD＝2：6＝1：3$$

である。　　　　　　　　　　　　　　　　　　［証明終］


　これが典型的な基本補助線の例です。三角形 △ABC は辺 AC こそ目に見える形では引かれていませんが，最初からそこにあったことは間違いありません。補助線 AC はその目に見えない三角形を目に見えるようにしたものです。交点 G は初めから三角形 △ABC の重心なのですが，補助線 AC がないとその事実が見えにくかったのです。

　有名な探偵小説に『見えない人』（G・K・チェスタトン）という作品があります。探偵小説ファンならよく知っているでしょう，ブラウン神父ものの1つで傑作の誉れ高い短編です。殺人事件が起こります。すべての人の証言が現場には誰1人として出入りしたものがないという。これは不可能犯罪なのか，それとも透明人間の仕業か。

これは探偵小説なのでトリックをばらすわけにはいきません。少々持って回った言い方になってしまうがお許し願いたいと思います。

　じつは誰の目にも留まらず現場に出入りできた人物がたった1人いたのです。その人物は確かに存在しました。しかしある理由で犯人は空気のような，透明人間のような存在でした。

　同じようなトリックを使った探偵小説作家鮎川哲也の作品や，数学者にして探偵小説作家である天城一の傑作もあります。

　では，似たような練習問題を1つ紹介しましょう。これは20年ほど前，ある大学の大学院の入試問題に出題されたものですが，読者のみなさんは補助線が発見できるでしょうか。


### 問題

「任意の四角形の向かい合う各辺の中点を結んだ線は互いに他を二等分する。では，向かい合う各辺の三等分点を結んだ直線は互いに他を三等分するだろうか」


　この問題も補助線が必要ですが，それほど難しくはなく，発見は容易だと思います。じつはこの問題について

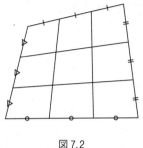

図 7.2

は別の面白さがありますが，それは後で考えてみること
にします。

　こんな単純な補助線なら発見するのはやさしいかもし
れませんが，補助線はそんなに簡単なものばかりではあ
りません。次も有名な定理ですが，この補助線の発見は
少し経験を積まないと難しいのではないでしょうか。普
通は発見ではなく，教科書で証明を鑑賞することによっ
て，経験を積んでいくのだと思います。


**定理**

　三角形 △ABC の頂角 ∠A の二等分線は対辺 BC を
辺 AB, AC の比に分ける。

**証明**

　△ABC の頂角 ∠A の二等分線が辺 BC と交わる点を

M とする。頂点 C を通り辺 AM に平行な線を引き，辺 AB の延長との交点を D とする。

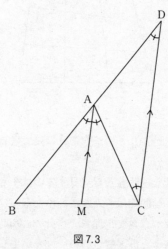

図 7.3

$$\angle DCA = \angle CAM \ (錯角)$$
$$\angle CDA = \angle BAM \ (同位角)$$

したがって，

$$\angle DCA = \angle CDA$$

すなわち，三角形 △ACD は二等辺三角形である。

（ここでは底角定理の逆が使われていることに注意してください）

よって,

$$AC = AD$$

したがって,

$$AB : AC = AB : AD$$
$$= BM : MC \qquad [証明終]$$


　証明は上の通りです。分かってしまえば，平行線による比の移動だけだから，それほど難しい証明ではありません。しかし，この補助線の引き方は，知らないとかなり難しいのではないかと思われます。先ほどの平行四辺形の対角線という補助線と違って，今度の二等辺三角形 △ACD は初めは与えられた図上には存在しない三角形です。その存在しない三角形を証明の手続きとして作り出すという作業が必要になります。確かに平面幾何の証明に慣れた人なら，定点を通り定直線に平行線を引くという補助線は，それほど想像力を必要としないのかもしれませんが，初めて平面幾何を学ぶ中学生にとっては，これはかなりの想像力と構成力を必要とする補助線だと思います。
　さて，この 2 つの補助線は，最初のものはすでに図上に出ている 2 つの点を結んだもの，次の補助線は特定の

点を通り，特定の直線に平行線を引くものでした。後者の補助線はやや高度ですが，平行に着目するという経験を積めば発見可能でしょう。では，もう少し高度な補助線を鑑賞してみましょう。

## ●少しむずかしい補助線

　円に関係する定理はいろいろありますが，次の定理もわりによく知られている有名な定理の1つです。

### 定理

　互いに点Pで内接する2円がある。図7.4のように内部の円に点Qで接する弦をABとすると，PQは∠APBを二等分する。

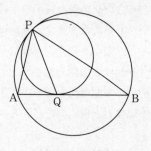

図7.4

初めての人がちょっと見ると，それほど難しい問題ではないように思うかも知れません。じつは補助線が見つからないと案外難問です。平面幾何の証明に馴れた人は，内接（あるいは外接）する2円ということですぐにピンとくる補助線があるかもしれません。幾何の問題集などでは補助線が引いてあることも多いのですが，ここではあえて補助線を引いてない図を紹介しました。このような問題では，2つの円が内接しているという条件をいかに使うかがポイントになります。2つの円に共通の性質でないとうまく使えないだろうということは見当がつきます。ここで今までの経験と知識の中から接弦定理が出てくれば解決の糸口が見えます。接弦定理は中学校3年の進んだ学習などで扱われる定理で，次の通りです。

## ●接弦定理

円の接線と接点を通る弦が挟む角は，その角内にある弧に対する円周角に等しい。

接弦定理の証明は中学生には案外難問です。場合分けをしなければならないのと，特殊な場合（弦が直径になっているとき）を先に証明しなければならないので，その見極めが難しいのでしょう。接弦定理の証明も与えておきます。

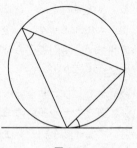

図 7.5

**証明**

∠CBY が鋭角の場合を示せばよい。

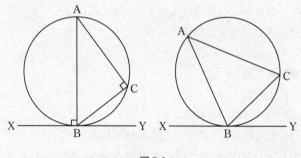

図 7.6

弦 AB が直径である場合を考える。AB は XY に垂直かつ直径の上の円周角は直角だから

$$\angle BAC = \angle R - \angle ABC = \angle CBY$$

AB が直径でない場合も ∠CBY は変わらず，∠BAC は同じ弧の上の円周角なので変わらないから，

$$\angle BAC = \angle CBY$$

である。 [証明終]

この定理を使うと次のような補助線と証明が見つかります。

**証明**

点 P における 2 円の共通接線を SPT とする。

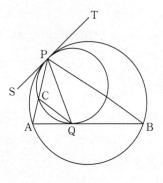

図 7.7

$$\angle TPQ = \angle PCQ$$
$$\angle TPB = \angle CAQ$$
$$\angle CPQ = \angle CQA$$

よって，

$$\angle CPQ = \angle CQA$$
$$= \angle PCQ - \angle CAQ$$
$$= \angle TPQ - \angle TPB$$
$$= \angle BPQ$$

である。 [証明終]

　この定理の補助線は最初の補助線と違って，すでに図上にあるが見えていない線というわけではないですが，接線を引いてみるという補助線は円についてはよく出てくるアイデアです。

　さて，最後にいささか変わった，しかし大変にきれいで面白い補助線を紹介しましょう。これは独自に発見するのは至難の技だと思われます。見事な補助線をじっくりと鑑賞してください。

**問題**

「図 7.8 で四角形 ABCH, HCDG, GDEF はすべて正方形とする。このとき

$$\angle a = \angle b + \angle c$$

となることを証明せよ」

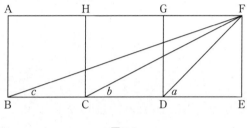

図 7.8

図を眺めていると, $\angle a$ が 45° だということはすぐに分かります。したがって, 実際の問題は $\angle b + \angle c = 45°$ ということを証明することになります。さて, その証明が問題なのですが。

これは簡単そうで難しい問題です。手がかりがない。もし, 少々手荒な方法でもいいなら, 次のように計算で示すことができます。

**証明1**

$$\tan b = \frac{1}{2}, \qquad \tan c = \frac{1}{3}$$

だから，$\tan(b+c)$ を計算すると，

$$\tan(b+c) = \frac{1 - \tan b \tan c}{\tan b + \tan c}$$

$$= \frac{1 - \dfrac{1}{2} \cdot \dfrac{1}{3}}{\dfrac{1}{2} + \dfrac{1}{3}}$$

$$= 1$$

したがって，$\tan(b+c) = 1$ となり，$b+c = 45°$ が証明
された。　　　　　　　　　　　　　　　　　　　　[証明終]

　この証明は確かに少し手荒ではあるけれど，証明とし
てはわりにすっきりしていて，計算で強引に証明してし
まったという感じはありません。ひらめきとセンスでは
ないかもしれませんが，科学捜査という感じです。しか
し，せっかく平面幾何の証明問題として提出されている
のだから，何とか計算を使わずに証明したいと思うのも
人情です。そのための補助線を発見したいのですが。

　大変に見事な補助線と証明を紹介しましょう。この証

明はエレガントな証明の代表格として有名なので，ご存じの方も多いかもしれませんが，初めての方はぜひその見事さを鑑賞してください。

**証明2**

与えられた図に正方形を付け加えて，下のような図7.9をつくる。

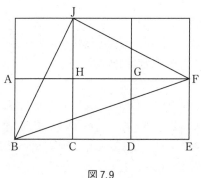

図 7.9

三角形 △JBC と △FJH は合同だから

$$JB = JF$$

かつ,

$$\angle BJC + \angle HJF = \angle JFH + \angle HJF$$
$$= \angle R$$

したがって，三角形 △JBF は ∠J＝∠R の直角二等辺三角形である。

よって，

$$\angle GFB + \angle GFJ = 45°$$

ところが，∠GFB＝∠c，∠GFJ＝∠b だから，

$$\angle b + \angle c = 45° = \angle a \qquad \text{［証明終］}$$

　証明を見てどう感じられたでしょうか。これが補助線をめいっぱいに活用した初等幾何としての証明です。補助線というより，補助図形といったほうが分かりやすいかもしれません。いずれにしろ，実にエレガントなこの発想が，いったいどこから来たのかは，この証明を初めて発見した人に聞いてみるほかないですが（誰なのかは残念ながらよく分かりません），数学教育の視点からは，次のような事実に注目してみるのはいいことだと思います。

　幾何教育の大変に面白い方法の1つに，「しきつめの幾何」というものがあります。これはユークリッド平面全体が任意の三角形で敷き詰められる，さらには任意の四角形（凹んだ四角形でもかまいません）で敷き詰めることができるという事実から，図形のいろいろな性質を

証明していこうというものです。幾何の証明で，あらかじめ使えそうな足場を最初から組み上げておくということだといってもいいでしょう。

　この方法を知っている人は，与えられた図形から正方形での平面の敷き詰めが発想できるかもしれません。これは方眼紙の上での幾何学というもう1つの幾何学を示唆してくれます。ユークリッド平面は合同な正方形で埋め尽くすことができます。これはユークリッド平面が持っている幾何学的な構造を目で見て分かるようにしたものと考えることも可能で，本来，平面図形はすべてこの構造を持ったユークリッド平面の上に乗っているわけです。それを明示的に取り出すことに成功したのはもちろん解析幾何学（座標幾何学）です。解析幾何学はさらにこの構造を数値化することによって，図形を方程式で解析するという方法を作り出しました。この方法が数学に与えた影響は計り知れないほど大きいです。

　しかし，一方で，数値化された幾何学が幾何本来の直感的な解析，あるいはひらめき的な解法を脇役に押しやってしまうということも起きました。こんなわけで幾何好きな人に解析幾何的な方法を嫌う人がいるのも不思議ではありません。そこで，このユークリッド平面の構造を表す方眼を，あえて数値化せずに方眼のままで扱うこ

とで幾何学本来の「思いつく楽しさ」を損なわずに証明を構造化しようというアイデアで，「方眼の幾何」が考えられました。これは，数値化も取り入れて，「格子点の幾何」という形で発展し，数論と結びついて研究されています。

　さて，最後に，最初に紹介した四角形の辺の等分問題の拡張を考えましょう。今までの考えで，四角形の向かい合う辺をそれぞれ $n$ 等分，$m$ 等分した点を結んだ直線がお互いを $n$ 等分，$m$ 等分するかどうかを考えると，これが案外難しいことが分かります。いや，案外ではなく，大変に難しい。

　一般化すると次の定理になります。

**定理**
　四角形 ABCD の向かい合う辺をそれぞれ同じ比に内分する点を結ぶ直線は，互いに他を同じ比に内分する。（図 7.10）

　この定理を証明するのに昔から知られている大変に技巧的かつ難解な補助線があります。最後にその補助線を

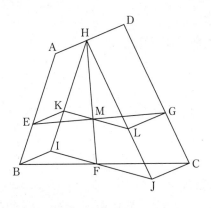

図 7.10

紹介しましょう。証明は次章で紹介しますが，しばらく
補助図形を見ながら証明を考えてみてほしいです。ここ
には一般化の大変によい実例があると思います。

# 第8章
## 奇妙に難しい問題

●有名な難問

　幾何のさまざまな問題の中には昔からよく知られた難問がたくさんあります。有名なものをいくつか証明なしで紹介しましょう。

　**定理**(モーレー)

　三角形 △ABC の3つの内角の三等分線のうち,隣り合うものの交点を図 8.1 のように P, Q, R とすると,三角形 △PQR は正三角形である。

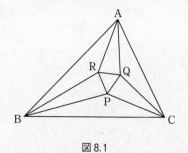

図 8.1

**定理**（フォイエルバッハ）

三角形 △ABC の九点円はその三角形の内接円に接する。

ただし，九点円とは次のような円である。

三角形 △ABC において，各辺の中点，各頂点から対辺に下ろした垂線の足，垂心と各頂点を結ぶ線分の中点の９個の点は同一円周上にある。この円を三角形 △ABC の九点円（あるいはオイラー円，フォイエルバッハの円）という。この９個の点が同一円周上にあることは比較的容易に証明できます。

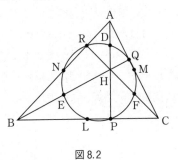

図8.2

いずれもとてもきれいで見事な定理ですが，証明は大変に難しく，初等的な平面幾何の１つの到達点の定理といってもいいでしょう。モーレーの定理の証明は『幾何

学再入門』H. コークスター／S. グレイツァー（河出書房新社），『幾何とその構造』寺阪英孝（日本評論社），フォイエルバッハの定理の証明は同じく『幾何とその構造』，『幾何の有名な定理』矢野健太郎（共立出版），あるいは『初等幾何学』安藤清・佐藤敏明（森北出版）などを参照してください。ついでに，寺阪英孝の『幾何とその構造』はちょっと入手しにくくなってしまいましたが，初等幾何学についての名著で，平面幾何の進んだ定理を見事に紹介しています。

　これらの有名な定理はいずれもいかにも難しそうな形をしていて，事実，証明は大変難しいですが，幾何の定理の中には見かけは非常に簡単そうなのに，実は証明が大変であるという問題がいくつかあります。それらのうちから特に面白そうなものを選んで紹介しましょう。できればすぐには証明を鑑賞しないで，しばらく証明を考えてみるとその難しさが分かり，逆に面白さが増すと思います。


## ●四角形の等分点問題

　はじめに前章で紹介した四角形の等分点の問題を取り上げます。出発点は次の問題でした。

**問題**

「四角形の向かい合う辺の中点同士を結んだ線分は互いに他を二等分する」

これは中学校の教科書に出てくる標準的な問題で，証明は中点連結定理の応用で解決します。

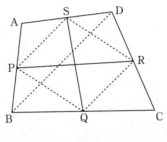

図 8.3

図 8.3 で四角形 PQRS が平行四辺形になることは，中点連結定理より

$$PS = \frac{1}{2}BD = QR$$

かつ

$$PS /\!/ QR$$

よりわかります。

したがって，平行四辺形の対角線が互いに他を二等分することから，問題の事実が成り立つことが分かります。

　一方，辺の中点を三等分点に代えると，これらの点を結んだ線分は互いに他を三等分します。

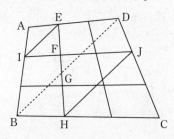

図8.4

　これも図のように補助線を引いてみると，平行線と比の性質より，

$$EI /\!/ DB /\!/ JH$$

$$EI = \frac{1}{3}DB, \qquad JH = \frac{2}{3}DB$$

したがって

$$\triangle EIF \infty \triangle HJF$$

かつ

$$EF : FH = EI : JH = 1 : 2$$

同様にして，

$$EG : GH = 2 : 1$$

だから，

$$EF = FG = GH = \frac{1}{3}EH$$

となり，たしかに F, G は EH を三等分することがわかります。

　じつは，最初にこの問題と巡り会ったとき，これですぐに一般化ができたと思いこんでしまいました。四角形の向かい合う辺を $n$ 等分し，対応する点を結べば，それらの線分は互いに他を $n$ 等分するというわけです。実際の証明をしてみなかったのが失敗で，後になってその証明を実行してみたとき，このままでは証明できないことが分かりました。辺にもっとも近い分点については，その点が全体の $n$ 等分点になることは証明できるのですが，その他の点が $n$ 等分点になっていることが証明できませんでした。この問題が実は古くからある有名な難問であることを知ったのは，わりと最近のことです。

　この問題をもっとも一般化した形で述べたものが前章の最後にあげた図です。そこに補助線もつけておきましたが，読者のみなさんは証明ができたでしょうか。ここ

で証明を紹介し問題を解決しましょう。

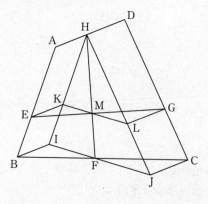

図 8.5

**証明**

四角形 ABCD の対辺を同じ比に分割する点をそれぞ
れ E, F, G, H とし、図 8.5 のような平行四辺形 ABIH,
HJCD をつくる。

$$AH : HD = BF : FC = a : b$$
$$AE : EB = DG : GC = c : d$$

とする。

$$BI /\!/ JC$$

よって、

$$\angle IBF = \angle JCF$$

かつ

$$BF : FC = a : b$$
$$BI : JC = AH : HD = a : b$$

よって

$$\triangle IBF \backsim \triangle JCF$$

したがって 3 点, I, F, J は一直線上にある。

　ここで,

$$EK /\!/ AH, \quad GL /\!/ DH$$

となるように点 K, L をとると,

$$AE : EB = HK : KI = c : d$$
$$DG : GC = HL : LJ = c : d$$

だから

$$HK : KI = HL : LJ$$

よって, KL /\!/ IJ である。

　いま KL と HF の交点を M とすると,

$$KM : ML = IF : FJ = a : b$$
$$EK : LG = AH : HD = a : b$$

また

$$EK /\!/ LG$$

より

$$\angle EKM = \angle GLM$$

よって

$$\triangle KEM \infty \triangle LGM$$

となり，3点 E, M, G も同一直線上にある。

　したがって，

$$EM : MG = a : b, \qquad HM : MF = c : d$$

である。

［証明終］

　いずれにしろ大変な難問でした。この証明は高度に技巧的で，通り一遍の考察でこの補助図形の平行四辺形が発見できなければ，この事件の解決は難しかったに違いありません。しかし，じつにきれいかつ見事な証明です。

　この定理には，別に，重心を巧みに使った大変にエレガントな証明があります。村崎武明「図形教材の一注意（四辺形の線分比と重心）」，『群馬大学教育実践研究』第12号，1995。

　ここではその論文で与えられたメネラウスの定理を使うもう1つの証明を紹介しましょう。

定理をもう一度述べます。


**定理**

四角形の向かい合う辺をそれぞれ同じ比に内分する点を結ぶ直線は互いに他を同じ比に内分する。

**証明**

$$AP : PB = DR : RC = a : b$$
$$AS : SD = BQ : QC = c : d$$

とする。

PS∥BD∥QR のときは証明は容易である。いま，PS, BD の交点を E, QR, BD の交点を F とすると E ＝ F で

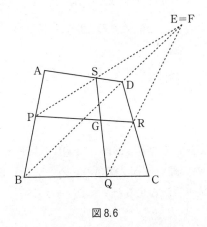

図 8.6

あることを証明しよう。すなわち，三直線は1点で交わる。

なぜなら，BD = $k$, DE = $x$, DF = $y$ とおいて，△ABD, △CBD と切線 PSE, QRF にメネラウスの定理を使うと，

$$\frac{a}{b} \cdot \frac{k+x}{x} \cdot \frac{d}{c} = 1$$

$$\frac{d}{c} \cdot \frac{k+y}{y} \cdot \frac{a}{b} = 1$$

したがってこれらの式から $x = y$ が成り立ち，E = F である。

また，上の式から $x$ を求めておくと，

$$\frac{a}{b} \cdot \frac{k+x}{x} \cdot \frac{d}{c} = 1$$

より，

$$x = \frac{kad}{bc - ad}$$

となる。

次に △EPB と切線 ASD, △EQB と切線 CRD にメネラウスの定理を使う。簡単のため PS = $p$, SE = $s$, QR = $q$, RE = $r$ とすると，

$$\frac{p}{s} \cdot \frac{x}{k} \cdot \frac{a+b}{a} = 1$$

$$\frac{q}{r} \cdot \frac{x}{k} \cdot \frac{c+d}{d} = 1$$

となる。

したがって，

$$\frac{p}{s} = \frac{ka}{x(a+b)}$$

$$\frac{q}{r} = \frac{kd}{x(c+d)}$$

である。

この $x$ に上の値を代入すると，

$$\frac{p}{s} = \frac{bc-ad}{d(a+b)}$$

$$\frac{q}{r} = \frac{bc-ad}{a(c+d)}$$

となる。

最後に △SQE と切線 PGR にメネラウスの定理を使うと，

$$\frac{\mathrm{SG}}{\mathrm{GQ}} \cdot \frac{q}{r} \cdot \frac{p+s}{p} = 1$$

すなわち，

$$\frac{\text{SG}}{\text{GQ}} \cdot \frac{q}{r} \cdot \left(1 + \frac{s}{p}\right) = 1$$

である。

これに上の関係式を代入すると，

$$\begin{aligned}
\frac{\text{SG}}{\text{GQ}} \cdot \frac{q}{r} \cdot \left(1 + \frac{s}{p}\right) &= \frac{\text{SG}}{\text{GQ}} \cdot \frac{bc - ad}{a(c+d)} \cdot \left(1 + \frac{d(a+b)}{bc - ad}\right) \\
&= \frac{\text{SG}}{\text{GQ}} \cdot \frac{bc - ad + ad + bd}{a(c+d)} \\
&= \frac{\text{SG}}{\text{GQ}} \cdot \frac{b(c+d)}{a(c+d)} \\
&= \frac{\text{SG}}{\text{GQ}} \cdot \frac{b}{a} = 1
\end{aligned}$$

したがって

$$\frac{\text{SG}}{\text{GQ}} = \frac{a}{b}$$

となる。

［証明終］

　以上がメネラウスの定理を駆使した村崎論文の証明です。最初に紹介した平行四辺形を使う証明に比べると，補助線の難しさは減りますが，メネラウスの定理を何回も使うので，発見は難しいと思われるし，計算を主にした証明なので好き嫌いが分かれるところでしょうか。見

事な証明を鑑賞してください。

　ところで，メネラウスの定理は幾何好きの人にはよく
知られている定理ですが，残念ながら中学校では普通は
学ぶことがありません。ここでメネラウスの定理の証明
も紹介しておきましょう。


**定理**（メネラウス）

　△ABC を頂点を通らない直線 $l$ で切断したとき，$l$ と
三辺 BC, CA, AB あるいはその延長との交点をそれぞ
れ P, Q, R とする。このとき

$$\frac{\text{AR}}{\text{RB}} \cdot \frac{\text{BP}}{\text{PC}} \cdot \frac{\text{CQ}}{\text{QA}} = 1$$

が成り立つ。

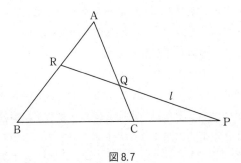

図 8.7

図 8.7 では直線 $l$ は $\triangle ABC$ の 2 つの辺と 1 つの辺の延長で交わります。直線 $l$ がすべて延長上で交わることはあり得ますが，1 つの辺で交わり 2 つの辺の延長で交わることはありません。これは調べてみればすぐ分かることですが，証明しようとするとどうなるのでしょう。じつはこの事実は幾何学の「順序の公理」といわれているものに関係していて，次のような公理となっています。

### パッシュの公理
　三角形の 1 つの辺と交わる直線は必ず他の 1 つの辺と交わる。

　これをパッシュの公理といいます。この事実はユークリッド自身はふれることがありませんでした。そのことをとってみても，あまりに明らかな事実を公理として設定することの難しさが分かります。

　では，メネラウスの定理の証明を考えましょう。ここでは補助線の進化を鑑賞してもらいます。実際メネラウスの定理はそうやさしい定理ではありません。線分比を扱うとき定跡的に出てくるアイデアが，比を 1 つの線分に関係づけて考えるということです。このことに気がつけば次のような補助線が思い浮かびます。

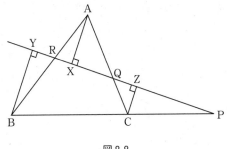

図8.8

　直線 $l$ に3頂点から下ろした垂線の足を図のようにX，Y，Zとします。

△ARX∽△BRY，△CQZ∽△AQX，△BPY∽△CPZ

などから，

$$\frac{AR}{BR}=\frac{AX}{BY}, \quad \frac{CQ}{AQ}=\frac{CZ}{AX}, \quad \frac{BP}{CP}=\frac{BY}{CZ}$$

が成り立ちます。

　したがって，

$$\frac{AR}{BR}\cdot\frac{BP}{CP}\cdot\frac{CQ}{AQ}=\frac{AX}{BY}\cdot\frac{BY}{CZ}\cdot\frac{CZ}{AX}=1$$

が成り立ちます。

　垂線を下ろすという補助線はいかにもという感じです。

　ところで，この証明を少し分析してみれば，補助線は

垂線である必要はなく，

$$AX /\!/ BY /\!/ CZ$$

であればいいことが分かります。したがって，補助線は
次のようなものでもよい。ここで，$AX /\!/ BY /\!/ CZ$ です。

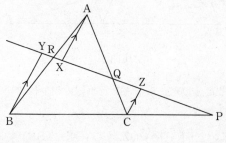

図 8.9

　ところが，ここまで来るともっとスマートな補助線が
あることが分かります。それは X ＝ Y だって同じではな
いかという補助線です。したがって，最終的に教科書
にあるような補助線，すなわち C から辺 AB に平行な
直線 CZ を引くという補助線が見つかります。実際この
補助線はそう難しいものではないですが，より一般的な
補助線が特殊化することによってスマートなものに進化
していく過程を鑑賞してください。

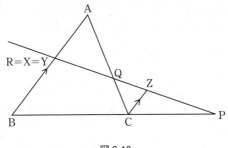

図 8.10

## シュタイナー・レームスの定理

さて，次に紹介する定理も，やさしそうで難しい定理の代表として昔から有名です。

**定理**(シュタイナー・レームス)

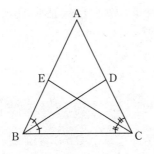

図 8.11

三角形 △ABC の 2 つの角 ∠B，∠C の二等分線が対辺と交わる点をそれぞれ D, E とする。このとき BD ＝ CE なら，△ABC は二等辺三角形である。

　なんとまあ，やさしそうな定理ではないでしょうか。この定理に初めて出会ったのは高校生の頃でした。ちょうど幾何学が面白くて面白くてたまらない時で，ある本の最後にやさしそうで難しい定理として，証明なしで紹介されていたものです。何日か友人たちと悪戦苦闘したあげく，結局証明はできなかったことが，昨日のことのように鮮明によみがえります。

　この定理がやさしく見えるのは，図の中に現れる 2 つの三角形 △DBC と △ECB が合同であることがすぐに証明できそうな気がするからです。さらに，BD, CE が中線や垂線のときはあっけなく証明できてしまうので，よけいに簡単そうに見えます。

　すなわち，BD, CE が中線ならその交点 G は △ABC の重心だから，

$$BG = CG = \frac{2}{3}BD \left( = \frac{2}{3}CE \right)$$

がいえて，これから △GBC が二等辺三角形であることが導かれます。これからすぐに

$$\angle DBC = \angle ECB$$

となり，

$$\triangle DBC \equiv \triangle ECB$$

がいえます（ここでも底角定理の逆が使われています）。

　また，垂線の場合も，直角三角形の合同定理から $\triangle DBC \equiv \triangle ECB$ が簡単に証明できます。

　ところが，BD, CE が角の二等分線のとき，その交点 I は内心になりますが，そこから辺についての情報を引き出すのはやさしくありません。

　というわけで，この定理は，見かけはやさしいが難しい定理として有名なのです。

　この定理を背理法で証明しようと考えた人はかなり直感力の優れた人だと思われます。もとの三角形 $\triangle ABC$ が二等辺三角形なら $BD = CE$ となることの証明は簡単なので，逆が成り立つかどうかを調べるのはある意味では自然でもあります。では，背理法による証明を2つ紹介しましょう。

**証明**（その1）

$\angle B > \angle C$ と仮定して矛盾を導く。仮定より

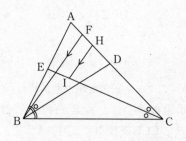

図8.12

∠ABD ＞ ∠ACE であるから，∠ABD の内部に ∠ACE に等しく ∠DBF がとれる。

このとき △FBC で ∠FBC ＞ ∠FCB より，CF ＞ BF である。

よって，辺 CF 上に CH＝BF となる点 H をとることができる。H から BF に平行線を引き CE との交点を I とする。

このとき，△BDF と △CIH で，

$$BF = CH$$
$$\angle FBD = \angle HCI$$
$$\angle BFD = \angle CHI$$

よって △BDF ≡ △CIH である。

したがって，BD＝CI ＜ CE となり矛盾。　　［証明終］

これが背理法による証明の1つです。この補助線の発見は大変に難しいと思われますが，角に大小関係があることを仮定するので，初等幾何の証明になれた人なら背理法に気がついた段階で案外簡単に発見できるのかもしれません。

では，もう1つの証明を紹介しましょう。これも背理法によるもので，H. コークスター／S. グレイツァー『幾何学再入門』（河出書房新社）からとりました。懸賞募集で集まった証明の1つらしいです。


**証明**（その2）
**補助定理**
円について，2つの弦の上に立つ円周角が異なる鋭角なら，弦の大小と円周角の大小は一致する。


**証明**
直径より短い弦の大小と中心角の大小は一致する。したがって，鋭角の円周角について，円周角の大小と弦の大小は一致する。　　　　　　　　　　　　［証明終］


背理法でシュタイナー・レームスの定理を証明します。

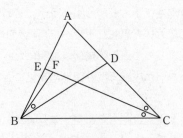

図 8.13

∠B > ∠C と仮定する。

CE 上に点 F を ∠FBD = $\frac{1}{2}$∠C となるようにとる。
したがって，∠FBD = ∠DCF より 4 点 F, B, C, D は同
一円周上にあり，

$$\angle \text{FBC} = \frac{1}{2}\angle \text{B} + \frac{1}{2}\angle \text{C}$$

$$> \frac{1}{2}\angle \text{C} + \angle \frac{1}{2}\angle \text{C} = \angle \text{C}$$

である。

ここで，∠C < ∠B だから，∠C < 90°。

また，∠B + ∠C < 180° だから，

$$\angle \text{FBC} = \frac{1}{2}\angle \text{B} + \frac{1}{2}\angle \text{C}$$

$$= \frac{1}{2}(\angle \text{B} + \angle \text{C}) < 90°$$

となり，いずれも鋭角になる。したがって，補助定理から円周角の大小と弦の大小は一致し，BD＜CFであるが，CF＜CEだからBD＜CEとなり仮定に反する。

　以上がコークスターらの『幾何学再入門』で紹介されたギルバートとマクドネルの証明です。円の性質を使うことはちょっと気がつきにくいので，エレガントな見事な証明ですが，普通の人にとってはやはり鑑賞用の証明でしょうか。

## ●角度の問題

　角に関する面白い問題を紹介しましょう。これも昔からある有名な難問です。

### 問題
「次の図の四角形で ∠$x$ の大きさを求めよ」

　これは整角四角形の問題として知られていて，池野信一による詳しい解説が『数学セミナー』1984年8月号に載っています。この図は一通りに決まってしまうことは明らかだから，図を正確に描くと答えが何度になるのかは見当がつきます。しかし，そうなることの証明は難

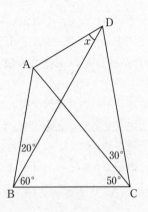

図 8.14

しいです。ここでも大変に手の込んだ補助線（補助線というより補助図形）が解決の鍵になります。

　辺 CD 上に BE＝BC となる点 E をとります。

　このとき，△ABE は ∠ABE＝60° の二等辺三角形，すなわち正三角形となります。また，

$$\angle DBE = \angle BDE = 40°$$

だから，EB＝EA＝ED となり，△EAD は頂角が 40° の二等辺三角形です。

　したがってその底角は 70° となり，結局

$$x = 30°$$

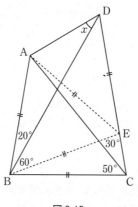

図 8.15

となります。

　このような角度を求める問題には，一見，三角形の内角和や外角和を使って簡単に求まるように見えて，意外な難問がたくさんあり，次の問題もその1つです。

**問題**

「正方形 ABCD の内部に ∠PBC ＝ ∠PCB ＝ 15° となる点 P をとる。このとき ∠APD の大きさを求めよ」

　さあ，いかがでしょう。このような単純な問題なら，

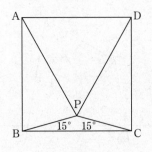

図 8.16

整角四角形の問題と同様，正確に図を描いて実測してみれば角の大きさが推測できます。図について測ってみると，どうやら 60° になりそうです。この図は左右対称だから，どうやら △APD は頂角が 60° の二等辺三角形，すなわち正三角形ということになりそうです。

　実際，この問題は，3 点 A, P, D が正三角形の頂点となることを証明せよ，という形で出題されることもあります。では，証明はどうでしょうか。

　この問題もコークスターらの『幾何学再入門』の中にあります。そこでの解法を紹介しましょう。


**証明**（その 1）
背理法による。

△ADP が正三角形でないとする。点 P が AD, BC の
対称軸上にあることは明らかだから，△ADP は
AP＝DP の二等辺三角形である。

　よって，AP＜AD とすると頂角 ∠APD は 60° より
大きい。

　したがって，

$$2\angle APB = 360° - (\angle APD + \angle BPC)$$
$$< 360° - (60° + 150°)$$
$$= 150°$$

　よって，∠APB＜75° である。

　一方，∠ABP＝75° だから，∠APB＜∠ABP。し
たがって，AB＜AP となり AP＜AD＝AB に反する。

　AD＜AP と仮定しても同様に角の計算から矛盾が導
ける。　　　　　　　　　　　　　　　　　　［証明終］


　再び背理法ですが，この証明は補助線を 1 本も使って
いないのが見事です。△APD が正三角形になることさ
え見抜けば，角度の計算だけで説明がついています。し
かし，背理法であるということが気になる人もいるので
はないでしょうか。できれば直接に証明したいです。そ
れではもう 1 つのエレガントな証明を紹介しましょう。

**証明**（その 2）

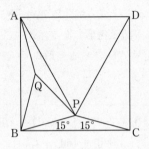

図 8.17

　上の図 8.17 のように点 Q を $\angle\mathrm{BAQ}=\angle\mathrm{ABQ}=15°$
となるようにとる。

　図の対称性より，$\mathrm{AQ}=\mathrm{BQ}=\mathrm{BP}$ である。

　$\triangle\mathrm{QBP}$ で

$$\angle\mathrm{QBP}=60°, \qquad \mathrm{BQ}=\mathrm{BP}$$

したがって $\triangle\mathrm{QBP}$ は正三角形である。

　よって，$\mathrm{AQ}=\mathrm{BQ}=\mathrm{PQ}$ となるから，Q は $\triangle\mathrm{ABP}$
の外心である。

　よって，

$$\angle\mathrm{BAP}=\frac{1}{2}\angle\mathrm{BQP}=30°$$

となり，

$$\angle PAD = 60°$$

すなわち，△APD は正三角形である。　　　　［証明終］


　この証明は図形の対称性を十分に活用した見事な証明
ですが，点 Q をとるという補助線はなかなか難しいで
す。この場合は辺 BC と同じ視点を辺 AB にも持ち込む
というアイデアだと解釈するのが面白いです。


　さて，これまで，平面幾何について，その面白さの秘
密を少しだけ眺めてきました。確かに平面幾何学が論
理・論証の道具としての性格を持っていることは間違い
ないのですが，その論理も第 1 章，第 2 章で見たように，
形式論理に習熟するというより，もう少し基礎となる部
分に重要な点があるといったほうがいいと思われます。
つまり，論理の重要性は物事を突き詰めて考えるという
態度そのものの中にあり，いたずらに難しい問題を解く
だけが論理ではないのです。
　しかし，それだけでは平面幾何の魅力は説明しきれま
せん。いままでの章で見てきた平面幾何の面白さは，結
局，発見と推理の魅力でした。発見の魅力は端的に補助
線そのもので表現されています。その図の中に隠されて
見えなかった線を見つけだし，それを手がかりに事件の

全体像を推理します。また，一見やさしそうな問題の中に不思議な難しさを見つけ，その難しさの元を推理します。イギリスの探偵小説作家アガサ・クリスティの創造した名探偵エルキュール・ポアロは，一見平凡な事件ほど難しいといいました。

　　ポアロは眼を閉じて，椅子によりかかった。その声は，唇のあいだから，しずかに漏れて来た。「ごく単純な犯罪。複雑なところのすこしもない犯罪」
　　（『ABC 殺人事件』堀田善衞訳，創元推理文庫）

なるほど，こうしてみると，平面幾何の面白さはミステリ，探偵小説の面白さと通底するところがあります。
　皆さんも独自の推理力を発揮して難事件の解決を楽しんでください。

ミステリと幾何学の関係は前にも少しだけ話しましたが，これはなかなか興味深いテーマなので，最後の章で改めて考えてみたいです。その前に，円についてまとめておきます。

# 第9章
# 円の話

●円とは何だろう

　円とは何でしょうか。

「丸い形を円という」

　もちろんこれで十分な場合もたくさんあるし，小学生
の認識はここから始まります。

　試みに『小学校学習指導要領』の項目を調べてみると，
第3学年B図形のところで，

「円について中心，直径，半径を知ること。また，円に
関連して，球についても直径などを知ること」

とあり，円周や面積については第5学年に

「円周率の意味について理解し，それを用いること」

とあります。

　どうも素っ気ない記述で，「直径，半径を知る」とあ
りますが，知るって何を知るのだろうと考えてしまいま

す。言葉尻を捉えても仕方ないですが，直径とか半径とかいう言葉を覚えなさいということなのでしょうか。ここには「円とは何か」という問題意識が欠けています。小学生に円の定義をきちんと教えようということではありませんが，科学的な認識にとって，まんまるとはどういうことなのかをきちんとした数学の言葉で捉えるのはとても重要なことです。

　小学校の教科書では円を「丸い形」と呼びます。丸い形，角がない形なら楕円でも双曲線でも角がない。それらと円をどう区別しているかといえば，普通は実際に円を描かせて「このようにして描いたまるい形を円といいます」としています。どのように描かせたかといえば，もちろんある点を中心にして一定の距離で点をたくさん取り，これらの点がどのように並ぶかを観察します。最後にはコンパスでぐるっと円を描かせます。こうして定点から等距離にある点の軌跡が円であることが子どもたちにも納得できるだろうという指導になっています。

　これで分かるように，小学校では「中心から一定の距離にある点の全体」という言葉は持ち出しません。参考までにユークリッドの『原論』では円をどう定義しているかというと，第1巻定義15で

「円とは一つの線にかこまれた平面図形で，その図形の内部にある１点からそれへひかれたすべての線分が互いに等しいものである」

と述べています。

　ところが，不思議なことに，円の数学的な定義は小学校の教科書ではきちんと触れられないことも多いようです。それでもいつとはなしに人は円の定義を覚えていきます。

　ここでは次の形で円の定義を与えておきましょう。


　**定義**
　平面上の定点Ｏから等距離にある点の全体がつくる図形を円という。


　では，円の性質のうちもっとも基本になるのは何でしょう。もちろん定義が一番基本であることは間違いないのですが，円を特徴づけている性質を考えてみようということです。


●**円と対称性**
　円はそのすべての直径に対して対称である。この事実

はすでにタレスが知っていたといわれ，『原論』にも直径が円を二等分することが述べられています（第1巻定義17）。しかし，よく考えると，『原論』でいう二等分というのは，このままでは意味が曖昧です。面積を二等分するのか，それとも面積を二等分するだけでなく図形として対称であるといっているのかがはっきりしません。実際，円の直径は面積を二等分するだけではなく，図形全体を対称に分けているのでした。

　では，閉じた平面曲線がその内部の定点を通る任意の直線について線対称となるとき，この曲線は円になるでしょうか？　もし円に限るなら，任意の直径に関して線対称であるという性質は円を規定することになります。

　この事実は一見難しそうですが，意外に簡単に説明がつきます。

### 定理

　平面上の自分自身と交わらない凸単純閉曲線 $C$ がその内部の定点 O を通る任意の直線について線対称なら，$C$ は円である。

### 証明

　閉曲線 $C$ 上に点 A をとり固定する。また $C$ 上の任意の点を P とする。O, A と O, P を結ぶ。

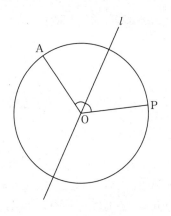

図 9.1

∠AOP の二等分線を $l$ とする。曲線 $C$ は $l$ について線対称だから，点 A の $l$ についての対称点が $C$ 上にある。この点は直線 OP 上にあり，曲線は単純閉曲線だから，この対称点は P に一致する。

　したがって，

$$OP = OA$$

となり，曲線 $C$ 上の点は定点 O から一定の距離にあり，O を中心とする円となる。　　　　　　　　［証明終］

　結局，対称性は一番深いところで円という曲線を規定

しています。対称性に関係してもう1つよく知られた性質を紹介しましょう。

### 定理

周囲の長さが一定の曲線のうち最大面積を囲むものは円である。

この定理はよく知られていて，その証明も次のような円の対称性を駆使した直感的な証明があります。じつはこの証明には問題点があるのですが，それは証明を紹介してから考えましょう。

### 証明

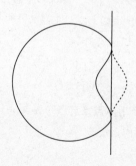

図 9.2

周囲の長さが $2l$ で一定の曲線を考える。この曲線が凸でなければ、図 9.2 のようにして、凸でない部分を反対側に対称に折り曲げることによって、周囲の長さが変わらず面積がより大きい曲線をつくることができる。

　したがって、曲線 $C$ は凸であるとしてよい。

　曲線上の任意の点を P とし、P から出発して、曲線上をちょうど $l$ だけたどった点を Q とする。P, Q を結ぶ直線を $m$ とする。

　直線 $m$ が曲線が囲む面積を二等分していなければ、どちらかが広いはずである。広いほうを直線 $m$ について対称に折り曲げると、周囲の長さが変わらず面積がより大きい曲線をつくることができる。

　したがって、曲線 $C$ の面積は直線 $m$ で二等分され、かつ $C$ は $m$ について線対称であるとしてよい。

　この半分の図形を考えよう。$C$ 上に点 A を取り、三

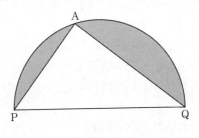

図 9.3

角形 △APQ を考える。

　点 A で 2 つの三日月型（弓形）が蝶番でつながっていると考えると，Q を直線 m 上を動かすことにより，弓形の面積を変えることなく三角形 △APQ の面積を変えることができる。この面積が最大になるのはいつだろうか。

　辺 AP, AQ の長さが一定なので，

$$\triangle APQ = \frac{1}{2}|AP||AQ|\sin \angle PAQ$$

である。

　したがって，△APQ の面積は $\sin \angle PAQ = 1$ のとき最大になる。

　すなわち，

$$\angle PAQ = 90°$$

のとき最大である。ここで，周囲の長さは変わっていないことに注意しよう。

　したがって，囲む面積が最大なら ∠PAQ は直角でなければならない。点 A は任意だから，このとき曲線は半円で，したがって C は円となる。　　　　　[証明終]

　大変にきれいな見事な証明です。これはヤコブ・シュ

タイナー（1796-1863）の蝶番の証明として知られています。

　ところで，この証明には最初にいったように厳密にいうと不備があります。それは何でしょうか。

　数学的には，面積を最大にする閉曲線の存在が証明されていないことが不備なのです。確かに上の証明を子細に検討してみると，囲む面積が最大の曲線 $C$ があったとして，その曲線が円でなければならないことを証明しています。しかし，そのような曲線は存在しないかもしれません。その存在を証明しようとするともう少し手の込んだ証明が必要となるのですが，本書ではその証明は割愛します。（小林昭七『円の数学』（裳華房）を参照してください）。

　しかし，数学的には確かにそうであっても，多くの中学生や高校生にとって，囲む面積を最大にする曲線の存在は疑問の余地がないだろうし，その点を踏まえてもこの「証明」は分かりやすいと思われます。問題点があることを知った上で，蝶番による証明を鑑賞してみるのもいいのではないでしょうか。

## ●円周角の定理

　さて，前節で周囲の長さが一定の曲線で最大面積を囲

むものが円であることの直感的な説明をしました。その
とき最後に使ったのが円周角定理（の逆）です。

**定理**

同じ弧の上の円周角は等しい。

逆に，ある線分を一定の角度で見込む点は同一円周上
にある。


円周角定理は中学校で学ぶ定理の中では大切なものの
1つですが，直感的にはそれほど明らかな定理ではあり
ません。

円周角定理の証明は，どの中学校の教科書にも載って
いるので本書では省略します。1つだけ，次のことに注
意しましょう。円周角定理はもちろん円周角が一定であ
ることを主張していますが，円周上の動点について円周
角が不変であることは，中学生にとってはとても自明と
はいえません。この定理が弦に対して不変なもの，ここ
では円周角ではなく中心角，を発見することによって証
明されていることに十分注意を払っておきましょう。円
周角が中心角の $\frac{1}{2}$ となることの発見がこの定理の証明
の主要部分でした。したがって，特殊な場合についての
考察が証明発見の鍵となります。この証明でも二等辺三

角形の底角定理が有効に働いていることは，十分に鑑賞に値することではないでしょうか。

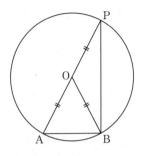

図9.4

　さて，つぎに円周角定理の逆が成立することを考察したい。円とは何か？　中心からの距離が一定の点の軌跡です。しかし，円周角定理の逆ではその中心がすぐには見あたらないではありませんか！　中心が分からないのにどうして

「ある線分を一定の角度で見込む点は同一円周上にある」

ことがいえるのでしょうか。そのために，この定理の背景について考えましょう。

　今，ある線分を見込む角（視角）を考えます。視点が

線分に近くなれば視角は大きくなり，視点が線分から離れるにしたがって視角は小さくなります。これは前に三角形の二辺の和の大きさを考えたときに，線分の大小を角度の大小に置き換えた考え方でした。ものから遠く離れれば視角は小さくなります。ものからの距離が同じなら視角が大きいほうが大きいです。

では，同じ長さの線分を見込む角はどのように変化するかを考えましょう。

1つの円と弦を固定しておきます。

円は平面を内側と外側に分けます。もう少し正確には，内部と外部，それに円周上の点の3つの部分に分けます。

円周上の点をPとし，円の外部，内部の点をそれぞれQ, Rとします。このとき弦ABを見込む角はどうなっているでしょうか。

図9.6のように補助線を引いてみれば，三角形の外角はその内対角のいずれよりも大きいという定理によって，円の内部の点の視角 ∠ARB のほうが円周上の点の視角 ∠APB よりも大きいことが分かります。同様にして，外部の点の視角は円周上の点の視角より小さいことも分かります。

以上のことを踏まえて，円周角定理の逆を証明します。

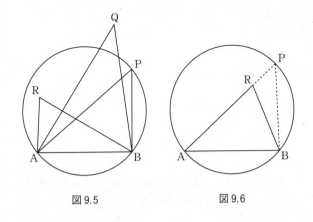

図9.5                    図9.6

### 円周角定理の逆の証明

証明は転換法という背理法の一種で行う。

線分 AB を一定の角 $\alpha$ で見込む点を P とし，三角形 △ABP の外接円を円 O としよう。

平面上の点 Q について，前に考察したことから，

(1) Q が円 O の外部にある ⇒ ∠APB > ∠AQB

(2) Q が円 O の上にある　 ⇒ ∠APB = ∠AQB

(3) Q が円 O の内部にある ⇒ ∠APB < ∠AQB

となっている。ここで右辺，左辺どちらの式もすべての場合を尽くしていて，それらの場合が重なっていないこ

とに注意すると，この場合は自動的に逆が成り立つこと
が分かる。

すなわち，∠AQB ＝ α である点 Q が円周上にないと
すると，Q は円の内部か外部のいずれかにある。どちら
にあるとしても ∠AQB ≠ α となり，矛盾である。

[証明終]

転換法という論理は最初少し分かりにくいですが，日
常生活でも使うことのできる論理で，多くの場合はそれ
と意識することなしに使っているものです。

円周角定理とその逆の応用で初等数学教育のなかで大
切なのは，この定理が四角形が円に内接する条件を与え

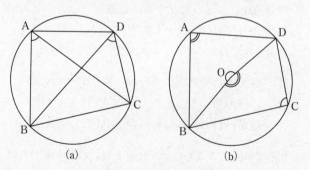

図9.7

ていることです。四角形が円に内接する条件はいろいろ
な形で表現されますが，いずれも円周角定理から導かれ
ます。代表的なものを 2 つ挙げておきます。

図 9.7(a) では ∠BAC = ∠BDC,

図 9.7(b) では ∠BAD + ∠BCD = 180° が必要十分条件
になります。

**証明**

図 9.7(a) で ∠BAC, ∠BDC はともに弧 BC の上の円
周角だから等しい。逆に，∠BAC = ∠BDC なら，円
周角定理の逆によって 4 点 A, B, C, D は同一円周上に
ある。

図 9.7(b) で，円周角は中心角の $\frac{1}{2}$ だから，

$$∠BAD + ∠BCD$$

$$= \frac{1}{2}(∠BOD(大きいほう) + ∠BOD(小さいほう))$$

$$= \frac{1}{2} \cdot 360° = 180°$$

である。

逆に，四角形 ABCD で ∠BAD + ∠BCD = 180° と
する。3 点 B, C, D を通る円を円 O とする。弧 BD 上の
任意の点を E としよう。前半の証明によって，

$$\angle BED + \angle BCD = 180°$$

だから，条件より

$$\angle BED = \angle BAD$$

となり，点 A は円 O 上にある。すなわち四角形 ABCD は円に内接する。 [証明終]

　結局，円に内接する四角形の性質は円周角定理より得られることがわかります。

### ●三角形の外接円と平行線公理

　すでに見てきたように，任意の四角形が円に内接するわけではない。では，任意の三角形は円に内接するでしょうか？

　この問いはちょっと見たところでは，ほとんど意味のない問いかけに見えます。任意の三角形が外接円を持つことは当たり前に見えるからです。しかし，この当たり前のような事実も，もう少し詳しく調べてみると結構奥が深いのです。

### 定理

　任意の三角形が外接円をもつなら，直線外の一点を通

る平行線は1本しかない。

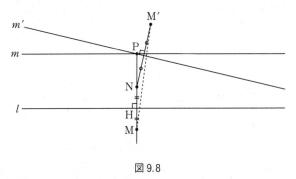

図9.8

**証明**

$l$ と $m$ は平行とし，P を通り，$m$ と異なる直線を $m'$ とする。PH 上の点を N とし，N の $l, m'$ についての対称点を M, M' とする。N, M, M' は三角形を作るので，仮定より △NMM' の外接円 O が存在する。外接円の中心 O は NM, NM' の垂直二等分線である直線 $l, m'$ 上にあるから，$l$ と $m'$ は交わる。

したがって，平行線は1本しかない。　　　　[証明終]

以前，平行線公理の考察で見た通り，平行線の公理は，直線外の一点を通る平行線が1本しかないことを主張するものでしたから，

**定理**

任意の三角形が外接円を持つなら，平行線公理が成り立つ。

が成り立つことが分かります。

ところが，面白いことに，この定理は逆が成立することが知られています。すなわち，

**定理**

平行線公理が成り立つなら，任意の三角形は外接円をもつ。

が成り立ちます。つまり，平行線公理の成立と任意の三角形の外接円の存在とは同値なのです。

結局，任意の三角形が外接円をもつという，一見当たり前のような「事実」は，その正否を突き詰めて考えてみると，平行線公理が成り立つかどうかという，いわばユークリッド幾何学の根本問題に直結しているのです。ノートに三角形を描いてみれば，当然のように外接円が存在します。外接円を描くために私たちはごく自然に三角形の外心を求めてきましたが，そのなかにこのような事実があることは，記憶に値することではないでしょう

か。

　では，上の定理を証明しましょう。

### 証明

　任意の三角形を △ABC とし，辺 AB, BC の垂直二等分線をそれぞれ $l, g$ とする。

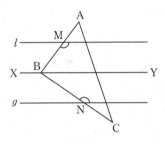

図 9.9

　証明は背理法で行う。もし，$l, g$ が交点 O を持てば，O は 3 点 A, B, C から等距離にあるから，O を中心として半径 OA の円を描けばこれが求める △ABC の外接円になる。$l, g$ が交点を持たない（つまり平行）として矛盾を示す。

　点 B を通り直線 $l, g$ に平行な直線 XY を引く。

　平行線公理より，平行線がつくる錯角は等しいから

$$\angle ABY = \angle BMl = \angle R$$
$$\angle CBY = \angle BNg = \angle R$$

したがって

$$\angle ABC = \angle ABY + \angle CBY$$
$$= \angle R + \angle R$$
$$= 2\angle R$$

　すなわち，A, B, C は同一直線上にあることになり，これは 3 点 A, B, C が三角形をつくることに反する。

　したがって直線 $l, g$ は交点 O を持つ。　　　　［証明終］

# 第10章
# 探偵小説としての幾何学

　平面幾何学は昔から好き嫌いの激しい分野です。中学生に対するある調査によると，数学の中で特に好きな分野が論証幾何だと答えた中学生が3割近くいる反面，数学の中でも特に嫌いと答えた生徒もやはり3割近くいるようです。なぜこのように平面幾何は好き嫌いがはっきり現れるのでしょうか。

　数学という学問はさまざまな記号を駆使してその研究を進めています。うまい記号を考え出すということは，普通に考えられている以上に数学の本質に迫っているといってよい。たとえば，現在使われている微分積分学の記号 $dx$ や $dy$ は，ライプニッツによって考え出されたものですが，同じ微分積分学の発見者であるニュートンの記号 $\dot{x}$ はライプニッツの記号に比べてもうひとつだったので，ライプニッツとの競争に敗れたらしいです。

一説によると，ニュートン学派はあくまで自分たちの記号にこだわり，そのためにずいぶんと苦労をしたようですが，結局よい記号の力にはかないませんでした。ニュートンの記号は物理学などで少しだけ使われています。

## ●意味と形式

　普通，論証幾何といわれている幾何学の証明は，完成された記号体系を使って行われるようにはなっていません。確かに三角形とか平行とか垂直とかいう言葉はある種の記号に置き換えられてその推論が進められていますが，よく考えてみれば，「平行」や「三角形」という言葉自体が一種の記号であって，それらを「∥」や「△」に置き換えてみても，それは単なる言い換えであり，そのことだけで幾何学の記号化が完成したわけではないのです。そのことは代数学における記号化と比べてみればはっきりします。すなわち，方程式を用いてある問題を解こうとしたとき，ひとたび方程式が完成しさえすれば，後は機械的な記号運用によって形式的にその方程式の解を求めることができます。移項する，あるいは，0でない数で両辺を割るといった操作は，意味の重圧から解き放たれて形式的な操作として完結しているのです。これを故遠山啓（数学者，数学教育協議会の元委員長）は，

192

「人に代わって式が考えてくれる」という言葉で表現しています。考えてみれば，これが小学校の算数と中学校，高等学校の数学との1つの大きな違いでした。

　四則の難問として有名な鶴亀算なども，その難しさの大半は1つ1つの式にその式固有の意味づけを行わなければならないというところにあり，これらの問題は，記号化が完成し，連立方程式を解くという形で扱えるようになれば，その大半は標準的な問題になってしまいます。小学校で鶴亀算を解いた経験のある人は，「亀が足を2本引っ込めたと思うと」などというかなり奇異な考え方が，連立方程式の解法の中でその意味づけから解放されて，ごく自然に加減法の中の未知数の消去という形で出てくるのを知って感動した経験を持っているに違いありません。

　このように数学にとって記号化と形式化および記号運用の形式化は，避けて通れないだけでなく数学の本質的な部分を担っています。

　小学校で学ぶべき概念のうち，もっとも重要なものの1つが速度や濃度などの「内包量」です。もちろん内包量という言葉そのものが小学校の数学に出てくるわけではないのですが，長さや時間という外延量の一定の理解の上に，速さという内包量がのっていることは明らかで

す。その内包量は基本的に２つの外延量の比の形で表現されます。たとえば速さなら距離（＝長さ）／時間となっています。また，いわゆる１あたり量も分数の形で表現されるのが一般的です。したがって，このような形で表される内包量を形式的に運用するためには，記号システムとしての分数の四則演算が自由にできるということが本質的です。すなわち，小学校の数学の中で有理数体が四則演算について閉じている（有理数体となっている）ことの理解が大切なのは，ただ単に計算ができるようになるということだけではなく，分数記号そのものが内包量という概念を記号システムとして支えているからです。もちろん，実際の内包量は無理量の発見を伴っているから，有理数体だけでは完全ではなく，実数体というシステムを必要としますが，それでも，小学校，中学校を通じて有理数体のシステムとしての重要性が減るものではありません。おそらく，内包量の理解は，有理数体というシステムをきちんと身につけて初めて完成するものでしょうし，逆に，記号システムとしての有理数体の理解は，内包量によって意味づけできるというある種の安心感によって支えられているはずです。したがって記号運用の面だけを取り出して，そこでの技術的な習熟だけを目的とする鍛錬主義は，数学のもう１つの側面を

見落としているといわざるを得ないのですが，一方で，数学の持つ意味的側面だけを取り出して肥大化させても，数学のもつ透明な自由性が意味の海の中でおぼれ死んでしまうことにもなりかねません。

## ●幾何学と形式

さて，いささか幾何から離れた議論を続けてしまいましたが，ここでいいたかったことは，数学は自然の中の数学的現象，あるいは法則をどのように捉えるかという概念的部分と，取り出された概念をいかに記号化し，形式化していくかという形式的部分から成り立つということでした。数学の形式的部分，記号運用を担う部分を，ここでは言語学の言葉を借りて「統辞システム」と呼びましょう。したがって，たとえば，内包量という概念を担う統辞システムとして分数記号があると考えます。

では，幾何学という数学における統辞システムとは何でしょうか。この点の解明こそが，幾何学を眺める，ひいては幾何教育におけるもっとも重要な課題の1つではないでしょうか。

幾何学の大きな特徴は，すくなくとも小学校・中学校の段階まで，量の大きさを比べるための直接比較のステップが続くという点にあります。すなわち，長さを比べ

るのに合同という概念を使い，重ね合わせてどちらが長いかを判断するという思想は，明らかに直接比較の範疇(はんちゅう)にあります。直接比較の段階では，概念を記号化し量を数値化するという動機に欠けます。長さを測って比較することをしないでも，どちらが長いかを比べることができます。したがって実際の幾何教育の体系では，小学校・中学校を通じて具体的な統辞システムは姿を見せないのです。

普通，幾何学の統辞システムとして導入されるのは解析幾何学による座標の方法です。座標の導入による点や図形の数値化，方程式化が大変に大きな威力を持つことは間違いありません。それ以上に，近代的な幾何学は座標による数値化，代数化があったからこそユークリッドの束縛から離れて大きく羽ばたくことができました。その意味で，解析幾何学の果たした役割には重要なものがあります。しかしながら，その一方でいわゆる幾何好きな人たちに解析幾何学はもうひとつ人気がありません。それは解析幾何学の方法が，点の数値化から出発したにもかかわらず，その初等数学教育におけるもっとも大きな力が，逆に，量を空間化するという方向に働いたからです。長さのような外延量の数値化が，最後に数直線となり1次元空間化されます。そこに働いたのは，直線そ

のものを1次元空間として構造化して捉えるというよりも，逆に直感的な直線のイメージを借りて外延量を捉えるというアイデアでした。このアイデアはそのままの形で2次元，3次元の空間に拡張されました。

しかし，もともと幾何学にとってもっとも必要であったのは量の空間化のシステムではなく，空間を構造化して捉えるシステムでした。現代的な幾何学にとってもっとも基本的なことの1つは，図形を図形単独として捉えることではなく，図形の存在している場所としての空間概念を同時に考えていくということです。そのためにはどうしても空間そのものを構造化して考えていくことが重要であり，幾何学の統辞システムとしては空間の構造化を視野においたものが望ましい。

結論的にいえば，空間の構造化を支える統辞システムとしては$n$次元ベクトル空間の概念がもっともふさわしいと考えられます。もともとベクトルという概念はあらゆる線形構造を支えるための統辞システムとして考え出されたものです。もちろんそれだからこそ，多次元量のもつ線形構造（多次元の正比例関係）の解析に大きな威力を発揮したのですが，じつは線形構造がもっとも分かりやすい形で出てくるのはユークリッド空間です。たとえていうなら，ユークリッド空間は白紙の平面であり，

その中に内包されている線形構造はそのままでは目に見えません。そこで，透明なシートに縦横に罫線をひいた方眼紙を用意し，そのシートを白紙のユークリッド平面にかぶせてみましょう。とたんにユークリッド平面はその線形構造を見事に示してくれます。この場合，大切なのは，その方眼紙が数値化されていることではなく，方眼紙という等質な構造によって白紙が覆われているという事実そのものなのです。したがって，ここでは方眼紙が正方形方眼であることさえ本質的ではありません。斜交方眼，いわゆる平行四辺形方眼でもきちんとその役目を果たしています。これこそまさに原始ベクトル空間の概念に他ならないのです。もちろん，最終的にはこの原始ベクトル空間としての方眼紙は数値化され，解析幾何学の方法と一緒になって，本当のベクトル空間として完成するのですが，数値化よりベクトル空間のほうが主役であることに変わりはありません。ベクトル空間という概念が幾何学の統辞システムとしてうまく働いてくれれば，ベクトルという記号を形式的に処理することで，多くの幾何学的な概念を形式の上に乗せることができます。形式処理の最大の利点が，処理の途中のすべてに意味をつけなければならないという大変困難な作業からの解放にあることは，すでに方程式の解法のところで述べたと

おりです。

　もちろんこのことは数学からの意味の追放を意味するわけでは決してありません。むしろその反対で，無意味に意味を考えることからの解放によって，幾何学が全体として持っている意味の復権を目指すものです。

　ベクトルとベクトル空間は大変に優れた幾何学の統辞システムです。それは小学校，中学校，高校さらには大学へと幾何教育を貫く大きな柱です。すなわち，原始ベクトル空間としての方眼紙の積極的な使用，中学校での方眼紙上での変換の考え方，高校での統辞システムとしてのベクトル空間の導入，そして大学における線形幾何学の完成です。

## ●幾何学と論証再論

　今まで見てきたように，いわゆる幾何学の論証は記号化，形式化以前のスタイルをとっています。そこに幾何学の論証の面白さも難しさもあります。おそらく幾何学の論証が好きな人たちは，そこにパズル解きの面白さを感じているに違いありません。では，なぜ幾何学の論証がパズル解きに似ているのでしょうか。論証については数学教育の立場からいくつもの論考が書かれているけれども，論証の面白さの内容について細かく分析したもの

はあまりないように思われます。それは、1つには「面白さ」の研究そのものがそもそも分析という手法になじまないせいもあります。面白さとはどうも分析を始めたとたんにその網目からスルッと抜け落ちてしまうもののようです。それを十分に承知した上で、あえてここで論証の面白さを分析してみようと思うのは、論理性を養うという言葉のもとで論証の演繹的性格が過度に強調されすぎているのではないかと考えるからです。

　いわゆる三段論法の繰り返しによる形式的推論の鎖が幾何学の論証の面白さを形作っているのではないということについて少し考えてみたいと思います。

　いわゆる論理には次のような形式があります。

　（1）演繹法（デダクション）

　（2）帰納法（インダクション）

　（3）仮説法（アブダクション）

　この3つのタイプの論理については次のような比喩で考えるのが分かりやすいです（これは U.エーコほか編『三人の記号』東京図書による）。

　ここに袋が1つあり、その中にはたくさんの玉が入っているとしましょう。

(1)　演繹法

　　この袋の中の玉はすべて黒い。

　　この玉はこの袋から取り出された。

　　したがって，この玉は黒い。

　　演繹法の特徴は前提（仮定）と行為から結果を推論しているところにあります。もちろんこの2つが正しければ結果はいつでも正しい。ところが，ちょっと考えてみると分かりますが，黒い玉ばかりが入っている袋から取り出された玉が黒いのは当たり前で，その意味ではこの結論は正しいけれど面白くもなんともありません。もちろん，当たり前の結論が当たり前のようにきちんと推論できるというのも大変に重要なことです。しかし，当たり前の結論が面白さに欠けることもまた確かです。してみると，幾何学の論証の面白さを分析するのに演繹推論の方法を分析してみてもあまり大きな収穫はなさそうです。ここのところを間違えてしまうと，幾何学を学ぶ子どもたちに論理の干物のようなものを押しつけてしまうことになりかねません。


(2)　帰納法

　　この玉はこの袋から取り出された。

　　この玉は黒い。

したがって，この袋の玉はすべて黒いに違いない。

　帰納法論理の特徴は行為と結果から前提を推論しているところにあります。当然，結論が正しくないことがあり得ます。この袋から取り出された玉が黒いからといって，この袋の中の玉がすべて黒いとは限りません。しかし，さらに玉を取り出す行為を繰り返すことによって，取り出された玉がすべて黒ければ，袋の中の玉がすべて黒いという可能性はどんどん高くなるに違いありません。これは実験検証の論理であって，自然科学の論理，方法論でもあります。その意味では帰納法の結論はそのままでは検証不可能です。結論の蓋然性を高めることができるだけです。

　帰納論理は推測という面でみれば確かに面白い。しかし，数学では，何回実験を重ねようとも，物理学や化学と違って，その結論が「証明」されたことにはならないというのもまた確かです。実験を重ねることにより，確かに数学的に成り立つだろうという予測は立ちます。しかしそれは証明ではありません。ここに数学の拠って立つ基盤もあります。なお，数学の帰納法と呼ばれるものは，自然数論に特有の演繹論理であって，数学的帰納法そのものは，帰納法という名前がついてはいますが，いわゆる帰納法ではなく演繹法です。

では，仮説法とはどんな論理でしょうか。英語ではアブダクションといいますが，決まった訳語はないようです。「発想法」「仮定演繹法」「遡行推理法」などと訳されることもあるし，そのまま「アブダクション」と呼ぶことも多いです。試しにabductionという英語を辞書で引いてみると「誘拐」という訳語が出てきてびっくりします。「誘拐法」と訳すわけにもいかないので，ここでは数学者森毅の訳語を採用して「仮説法」と訳しておきます。

(3)　仮説法

　この袋の中の玉はすべて黒い。

　この玉は黒い。

　したがって，この玉はこの袋の中から取り出されたに違いない。

　これが仮説法です。

　前の2つの論理と違って，仮説法は前提と結論からその間を結ぶ行為を推測しています。もちろん袋の中の玉がすべて黒くても，また，目の前にあるこの玉が黒くても，この玉がこの袋から取り出されたものでないことは十分にあり得ることです。したがって仮説法の論理は間

違っている可能性が残っています。

　ところが，この推論は帰納法と違って検証可能です。仮説法は帰納法と違って，推論の過程そのものに対する推測で，前提と結論を結ぶミッシング・リンクを探す推論です。すなわち，仮説法において，この欠けた推論過程がすべて復活できたとき，全体は演繹法として完成し，全体としてどこにも傷のない必然の論理となります。これが仮説法を仮定演繹法と呼ぶ理由でもあります。これは帰納法とはずいぶん違っています。帰納法から前提を推測したとき，その推測が正しいことを立証するために玉を取り出すという実験をいくら積み重ねても無駄であった（数学の証明として無駄であるということで，前提が正しい可能性はどんどん高くはなります）ことを思い出してください。すなわち，帰納法における前提の正しさの立証のためには全く別の発想が必要です。一方，仮説法においては，推論の鎖を出発点か終点，あるいは両方から延ばしていき，その鎖がドッキングすれば論理は完成します。

　こうしてみると，いわゆる平面幾何の論証と呼ばれる推論は仮説法の構造をしていることが分かります。仮定・結論・証明という形で幾何学の論証を書き始めることを学んできた人も多いと思います。常にこの形で証明

を書き始めることを強制することは、幾何の論証の面白さとは無縁ですが、この書き方をみても、幾何学の論証が仮定と結論を結ぶ推論過程の発見にあること、つまり、ここで述べた仮説法の形をしていることは明らかです。多くの幾何好きの人にいわせると、幾何学の面白さは、図形の性質の美しさもさることながら、それを証明する過程に惹（ひ）かれることが多いといいます。すなわち、論証幾何の魅力のもっとも大きな源は、仮説法という推論の構造そのものによるのです。

　では、なぜに仮説法という推論の構造が、たとえ一部ではあるにせよ、幾何マニアと呼ばれるほどのファンを作り出すほど面白いのでしょうか。

## ●探偵小説としての論証幾何

　仮説法という推論形式の持つ探偵小説との類似性に早くから注目していたのは、アメリカの論理学者パースです。パースは自分の思考方法がシャーロック・ホームズの探偵術によく似ていることを知っていました。そこで用いられている推論形式が仮説法でした。ちょっと考えてみると分かることですが、いわゆる探偵小説は、前提としてのある事件から1人あるいは複数の犯人を推測することになります。この推測はたいていの場合は次の形

を取ります。

「ここに殺された人がいる。登場人物Ａはこの事件に関して動機もあるし，怪しい行動もとっている。したがってＡは犯人に違いない」

　この推論形式はまさしく仮説法そのものに他なりません。そもそもまったくの演繹法のみで，犯人の名前も分からないままに推論の鎖をたどることなどできないことは最初から明らかです。もっとも，『ウッドストック行最終バス』（コリン・デクスター，ハヤカワ・ミステリ文庫）では，探偵役のモース主任警部は警察署の机の前に座ったままで，推論に推論を重ねまったくの演繹で犯人を特定してしまいます。もちろんどこの誰とも分からない犯人を！（これは小説中の冗句です。小説の本筋ではありませんのでご注意）こんなパロディもありますが，普通の探偵小説では，探偵は，あるいは読者は，この仮説法による推論過程を完成すべく，ミッシング・リンクを探し求めて何百ページかの活字の迷宮の中をさまよい歩くことになるのです。この彷徨こそが探偵小説好きが味わう最上の美酒です。しかし，この面白さは他人に強制されるべき何物ももっていないというべきです。ここに探偵小説がマニアを生む最大の要素があります。

　このように見てくると，探偵小説と論証幾何はほとん

どまったく重なってしまうではありませんか。何のことはない，論証幾何の面白さとは探偵小説の面白さだったのです。

こうして比較すると，論証幾何がマニアを作り出す原因がはっきり見えてきます。もちろん例外はあるでしょうが，おそらく幾何好きの人はその多くが探偵小説好きなのではないでしょうか。亡くなった作家大岡昇平は，幾何が好きなことで有名でしたが（晩年ゲーデルにも興味を示したらしい），その大岡は探偵小説をいくつか書いていることでも知られています。その他にも探偵小説と幾何学の関連を示す証拠がいくつかあります。江戸川乱歩は探偵小説の面白さを説明するとき，好んで次のような幾何学の問題を使っていました。この問題は幾何学の問題というよりある種のひっかけパズルに近いのですが，面白い問題なので紹介しておきましょう。最初はクレイトン・ロースンという作家の『帽子から飛び出した死』（ハヤカワ・ミステリ文庫）というミステリで使われました。

図10.1で長方形 ABCD が四分円に内接している。点 C は半径の中点である。このとき対角線 AC の長さを求めよ。

答えはつけないので考えてみてほしいです。有名なパ

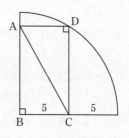

図 10.1

ズル・ブックにも紹介されている古典的な問題です。江戸川乱歩にいわせると，この問題は探偵小説におけるミスディレクションの説明にもってこいなのだそうです。そういわれてみると，いわゆる論証幾何の問題において，いくつかの錯綜した線の中から，本当に必要な線だけを取り出すことは意外にむずかしいということを思い出します。線は最初からそこに引かれているのですが，いわば「見えない」のです。しかも一度その線が見えてしまうと，今までなぜその線が見えなかったのかが本人にも分かりません。こんな経験は，幾何学が好きな人だったらきっと一度や二度は持っているに違いありません。

　これは気がついてみれば，乱歩にいわれるまでもなく，探偵小説のもっとも基本的な魅力の1つでした。探偵小説においても，犯人は小説の冒頭から登場している人物

であることが多い。典型的な例はアガサ・クリスティの
ある小説ですが，残念ながら，ここでその小説の題名を
語ることはできません。これは，たとえば，探偵小説作
家ヴァン・ダインによる「探偵小説20則」の中にもき
ちんと書いてあります。やはり最後になって突然犯人が
出てくるというのは，あまり面白くないに違いない。確
かに犯人は最初からそこにいるのです。しかし，大部分
の読者にはそこにいるその犯人が「見えていない」はず
です。犯人，および犯人を指摘する手がかりの意外性，
これが探偵小説の大きな魅力の１つです。

　結局それと同じ構造が初等幾何学の論証の中に潜んで
います。ただ，初等幾何学の場合は，結果の意外性もさ
ることながら，犯人を指摘する方法の意外性に重点があ
るので，探偵小説になぞらえるなら，さしずめ，倒叙探
偵小説ということになるでしょうか。倒叙探偵小説とい
うのは，最初から犯人の分かっている探偵小説です。そ
れで探偵小説になるのかと思う人も多いと思いますが，
事件を分析し，犯人を次第次第に追いつめて，論理の網
目を絞って犯人を特定していく面白さは，普通の探偵小
説と同じように迫力があります。『クロイドン発12時
30分』（クロフツ）や『伯母殺人事件』（ハル）（どちら
も創元推理文庫）などが代表的名作です。とくに『伯母

殺人事件』は表題にも一種のトリックがあり，最後のど
んでん返しがじつに面白い傑作です。

　思わず探偵小説について語りすぎてしまったかもしれ
ません。こうして幾何学と探偵小説の魅力を分析してみ
るなら，いささか強引だった両者の比較論も頷（うなず）いてもら
えるのではないかと密（ひそ）かに考えています。

## ●補助線の問題

　最後にもう一度，補助線の問題に触れましょう。

　かつて学んだ平面幾何の魅力を語るとき，難しそうに
見えた問題がたった1本の補助線を引くことによって，
あっけなく氷解してしまうことの楽しさをあげる人は多
い。本書でも前の章で補助線の魅力に触れました。補助
線とは結局，今まで無関係に見えたいくつかの点，直線，
角の間の新しい関係を見つけるための手段です。ただ1
本の線を引くことによって，今までバラバラに見えた4
つの点が，突然，同一円周上の点となり，目の前にその
姿を見せます。あるいは，1本の接線を引くことによっ
て，無関係に見えた2つの角の間の見事な関係が浮かび
上がってきます。もちろん，補助線というものは，ただ
単に経験の量を増やせば見つかるようになるというほど
簡単なものではありません。それでも有名な補助線につ

いてそれを鑑賞するのは決して悪いことではないのです。そのような例は前の章で紹介しました。

　こうしてみると，探偵小説にも補助線を引く楽しみがあるということが分かります。一見関係なさそうないくつかの事件が，ある補助線を引くことによって，見事に1つの事柄として浮かび上がります。そんな構図を持った探偵小説はそれこそたくさんあります。古典的なものでは『エジプト十字架の謎』（エラリー・クイーン），『僧正殺人事件』（ヴァン・ダイン），『ABC殺人事件』（アガサ・クリスティ），日本のものなら『不連続殺人事件』（坂口安吾）などがあります。特に『僧正殺人事件』は全編に数学的雰囲気が満ち満ちている傑作です。微分形式などに使われるテンソルが雰囲気を盛り上げています。未読の方はぜひご一読ください。

## ●最後に

　さて，長々と論証幾何の魅力と探偵小説の魅力との類似性について語ってきました。こうしてみると，論証幾何のマニアックな面白さが浮かび上がると同時に，それを数学の授業として教えることの難しさも浮かび上ってきます。そもそも探偵小説の面白さを学校の国語の授業の中で教えてもらった人がいるでしょうか（もしその

ような授業を実践している先生がいらっしゃるならお詫（わ）
びします）。探偵小説の面白さも，それがテストの対象
になった途端にその魅力は半減し，嫌悪の対象になるか
もしれません。探偵小説の魅力を失わずにそれを授業化
していくことはとても大変なことです。論証による平面
幾何学の導入は，誤解を恐れずにいえば，いわばホビー
としての幾何学の道です。いわゆるバイパス教材とも違
った趣味としての幾何学です。探偵小説が好きな人も嫌
いな人もいるでしょう。探偵小説が嫌いな人にも少しだ
け興味を持って読んでもらえるような，それほどマニア
向けではないが，じっくり読むとマニアの心もこっそり
とくすぐるような，そんな幾何学の本を本書は目指して
いました。

　もう一度繰り返しておきましょう。論証の抜け殻だけ
を取り出して，一定のフォーマットに従って，演繹論理
だけを繰り返させること，しかもその抜け殻を経験量の
増加だけを目的とした鍛錬主義によって強制すること，
およそ論証幾何嫌いを大量生産するのにこんな早道はあ
りません。

　昔，山歩きをしていた友人からこんな話を聞いたこと
があります。山道を歩くとき，階段が切ってある道と，
ただの坂道とでは，どちらが歩くのが楽か。これは坂道

を歩くほうが楽なのだそうです。というのは階段の場合，その刻んであるステップと歩く本人の歩幅が一致していればいいが，そうでないと，そのステップに自分の歩幅を合わせなければならず，大変に疲れるそうです。一方，坂道のほうは，自分のステップを守って歩けばよいから，細かく刻みたいときは刻み，大きくスキップしたいときはスキップして，自分のペースで歩けます。おそらく人の論理もそれと同じで，人にはその人特有の論理のステップがあるはずです。それぞれの人がそれぞれの論理で幾何学という探偵小説を楽しめると嬉しいです。

# 付録 1
# 偽書『ユークリッド原論』
―― 幻の『原論』第 14 巻

　ユークリッド『原論』は現在第 13 巻までが保存されている。しかし『原論』には第 14 巻が存在した。それはアレキサンドリア図書館に保存されていたとされるが，この古代世界最大の図書館は焼失して今はない。その幻のユークリッド『原論』第 14 巻が，こともあろうに極東の島国日本の，しかも北関東の小さな大学図書館で発見された。その顛末は『ゼロから学ぶ数学の 4, 5, 6』（講談社）に詳しいが，ここではその内容の一部を紹介しよう。

● 『原論』第 14 巻　パラドックスについて
　命題 1
　すべての三角形は二等辺三角形である。

**証明**

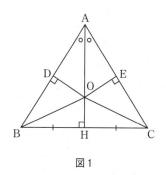

図1

　任意の三角形を △ABC とし，頂角 ∠A の二等分線
と底辺 BC の垂直二等分線の交点を O とする。O から
辺 AB, AC に下ろした垂線の足をそれぞれ D, E とし，
辺 BC の中点を H とする。

　△AOD, △AOE は斜辺を共有する直角三角形で，補
助線の引き方から，

$$\angle DAO = \angle EAO$$

である。したがって，直角三角形の合同条件によって

$$\triangle AOD \equiv \triangle AOE$$

である。したがって，

$$OD = OE, \qquad AD = AE$$

である。

　また，OH は BC の垂直二等分線だから

$$BO = CO$$

したがって，△BOD と △COE は斜辺と他の一辺が等しい直角三角形である。再び直角三角形の合同条件によって

$$\triangle BOD \equiv \triangle COE$$

である。したがって，

$$DB = EC$$

である。

　すなわち，

$$AB = AD + DB$$
$$= AE + EC$$
$$= AC$$

となり，△ABC は二等辺三角形である。　　　[証明終]


**命題 2**

直角は鈍角に等しい。

**証明**

AB = CD かつ ∠BCD = ∠R で ∠ABC が鈍角であ

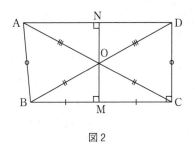

図 2

る四角形を ABCD とする。

　AD, BC は平行でないので，それらの垂直二等分線は
1 点で交わる。その交点を O とする。

　直角三角形 △AON と △DON で

$$AN = DN$$

$$NO \text{ は共通}$$

だから，直角三角形の合同条件より，

$$\triangle AON \equiv \triangle DON$$

したがって

$$AO = DO$$

まったく同様に 2 つの直角三角形 △BOM と △COM も
合同になるから，

$$BO = CO$$

である。

　よって，条件 AB＝CD と合わせると，三辺相等の合同定理より

$$\triangle ABO \equiv \triangle DCO$$

である。よって

$$\angle ABO = \angle DCO$$

となるが，$\angle OBM = \angle OCM$ と合わせると

$$\angle ABM = \angle ABO + \angle OBM$$
$$= \angle DCO + \angle OCM$$
$$= \angle DCM = \angle R$$

となり，鈍角 $\angle ABM$ は直角に等しい。　　　　[証明終]

**命題 3**

三角形の二辺の和は他の一辺に等しい。

**証明**

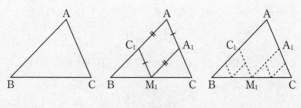

図 3

三角形 △ABC の底辺 BC の中点 $M_1$ を通り辺 AB,AC に平行な直線 $A_1 M_1$, $C_1 M_1$ を引く。

$$A_1 M_1 = AC_1, \qquad C_1 M_1 = AA_1$$

だから,

$$AB + AC = AC_1 + C_1 B + AA_1 + A_1 C$$
$$= C_1 B + A_1 M_1 + C_1 M_1 + A_1 C$$

となる。

すなわち,AB + AC は折れ線 $BC_1 + C_1 M_1 + M_1 A_1 + A_1 C$ に等しい。この操作を繰り返すと,折れ線は線分 BC に近づくから極限を取り

$$AB + AC = BC$$

すなわち,三角形の二辺の和は他の一辺に等しい。

[証明終]

## 命題 4

円周率は 2 に等しい。

## 証明

半径 1 の半円を考える。いま円周率を $\pi$ とすると,この半円の弧の長さは

$$\pi$$

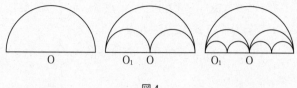

図4

である。図のように内接する2つの小半円を考えよう。小円の半径は $\frac{1}{2}$ だから，小半円2つの弧の長さは

$$\frac{1}{2}\pi \times 2 = \pi$$

となり半円の弧の長さに等しい。この操作を繰り返すと，小円全体は直径に近づくから極限を取り

$$\pi = 半円周 = 直径 = 2$$

となり，円周率 $\pi$ は2に等しい。　　　　　　　　　[証明終]

### 命題5

三角形の内角和は $180°$ である。ただし平行線公理を仮定しない。

### 証明

三角形の内角和を $x$ とし，任意の三角形 $\triangle ABC$ を考える。この三角形を線分 AD で2つの三角形 $\triangle ABD$ と $\triangle ADC$ に分ける。図のように角に番号を振っておこう。

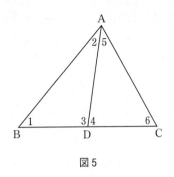

図5

仮定より

$$1+2+3=x, \qquad 4+5+6=x$$

であるが,

$$1+2+3+4+5+6=1+2+5+6+180° =x+180°$$

だから

$$2x=x+180°$$

となり, これを解けば

$$x=180°$$

である。 [証明終]

訳者注)

　この『原論』14巻の命題たちはどうもいずれもいさ

さか眉唾な感じがする。しかしながら訳者はそのことについては口を差し挟むつもりはない。読者自らがこれらの命題の正否を確かめてほしい。

## ●付録について

この付録はすべて冗句であり，ユークリッド『原論』の第14巻は実際には存在しない。ここで述べた命題1〜5は残念ながら全部間違っている。そのうちのいくつかは，正確な図を描くと誤りの原因が分かる。また，他のいくつかは極限の理解の問題に関係している。

ここでは蛇足ではあるが，その誤りを説明しておこう。

**命題1** すべての三角形は二等辺三角形である。

本文中に描かれた図だけを見ていると論理の間違いは発見できない。コンパスと定規を使い，正確に図を描くと図6のようになる。

頂角 ∠A の二等分線と辺 BC の垂直二等分線との交点 O は △ABC の外接円上にあり，O から AB, AC に下ろした垂線の足 D, E は，1つは辺上に，1つは辺の延長上にある。したがって本文中の推論は成立しない。ここでは円周角不変の定理に注意しよう。

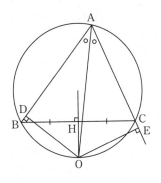

図6

**命題2** 直角は鈍角に等しい。

これも同様で，本文中に
描かれた図は不正確で，き
ちんと図を描くと図7のよ
うになる。

したがって ∠ABM と
∠DCM（＝∠R）は2つ
の等しい角の和にはならず，
本文中の推論は成立しない。

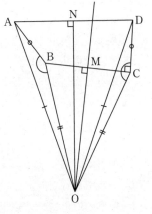

図7

**命題3**　三角形の二辺の和は他の一辺に等しい。

**命題4**　円周率は2に等しい。

いずれも極限の図とその長さについての誤りである。どちらの図形も形としては直線に近づいていくが、その長さはいずれの場合においても常に一定で、命題3なら折れ線の長さは、常に

$$AB + AC$$

であり、命題4では、半円全体の弧の長さは $\pi$ である。図形の形としての極限と、その長さの極限は同じにならないことに注意しよう。これはフラクタル図形などに結びつく話題である。

**命題5**　三角形の内角の和は $180°$ である。ただし平行線公理を仮定しない。

命題5は命題1〜4と違って、結論が間違っているわけではない。証明に誤りがないとすれば、本文中の説明と合わせると、平行線公理が証明されたことになってしまう。

この証明の誤りは、すべての三角形についてその内角和が一定であると仮定してしまったところにある。実際は三角形の内角和が一定であるということは、ユークリ

ッド幾何学では三角形の内角和が $180°$ になることから導かれる。非ユークリッド幾何学においては、三角形の内角和は一定にならない。

　命題 1, 2 の誤りを見ると、幾何学においては正確な図を描くことの大切さがよく分かる。正確な図を描くことで、結論の正しさが見通せることもあり、そのまま問題が解けてしまうこともある。最後に大学の入試問題から、その例を 1 つ紹介しよう。

### 問題

　一辺が原点と $A(1, 1)$ を結ぶ線分である三角形で、三辺が $(1, 2, \sqrt{5})$ の直角三角形と相似になるものの、もう 1 つの頂点 $(a, b)$ を求めよ。（問題文は少し変えてあります）

　多くの受験生はこの問題をひたすら計算で解こうとして、途中でつまってしまった。もちろん直角三角形についてのピタゴラスの定理を用いて、計算で求めることは可能だが、図 8 を眺めていれば答えは暗算でも求まってしまうのである。

　この図より、求める頂点は $B_1$ から $B_{12}$ まで 12 個あることが分かり、その座標もすぐに求まる。これも本文中

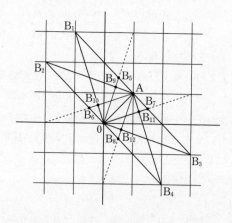

図8

で述べた格子点の幾何学の1つの応用である。

　なお，命題5の結果は，三角形の内角和が一定である
ことは平行線公理と同値であることを示している。

# 付録2
# 2点を結ぶ最短距離は直線であることの証明

　三角形の二辺の和が他の一辺より長いことの証明から始まって，最速降下線の問題を考えているうちに，変分学という数学に到達した。この手法を使えば，2点間の最短距離の問題に数学としての決着をつけることができるかもしれない。第4章の終わりでもいったように，これはいささか大道具を使いすぎるという感じがあるし，初等幾何学の問題に解析的な手法を用いることへの私的な抵抗感（私は平面幾何学への思い入れが強い世代に属するのです）がないわけではないが，ともかくも考察してみよう。

　前に示したように，2点を結ぶ曲線の長さは

$$s = \int_0^a \sqrt{1 + (y')^2}\, dx$$

で与えられるから，この積分の値を最小にする関数が求

まればよい。それが１次関数であることが分かれば，２点を結ぶ最短線は直線であることが分かる。

　１つの点を原点 O とし，もう１つの点 P $(a, b)$ を第１象限にとり，それを結ぶ曲線を考えよう。

　O, P の最短距離を与える曲線を $y = f(x)$ とし，両端を O, P とする任意の曲線を $y = g(x)$ とする。

　$f(x)$ と $g(x)$ の差を $h(x)$ とする。すなわち

$$g(x) - f(x) = h(x)$$

としよう。この $h(x)$ を関数 $y$ の変分といい，$\delta y = h(x)$ と書く。

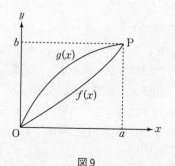

図９

　したがって，$g(x) = f(x) + h(x)$ である。この式は $h(x)$ を決めると $g(x)$ が決まるとも読め，また，曲線 $f(x), g(x)$ はともに点 O, P を通るから，$h(0) = h(a) = 0$

であることを確認しておこう。

　ここで，新しい変数$t$を導入して曲線の族$\phi_t(x)=f(x)+th(x)$を考える。

　$t=0$のとき$\phi_0(x)=f(x)$，$t=1$のとき$\phi_1(x)=g(x)$である。

　曲線$\phi_t(x)$のOからPまでの長さを$L(t)$とすると，

$$L(t)=\int_0^a \sqrt{1+(\phi_t')^2}\,dx$$
$$=\int_0^a \sqrt{1+(f'(x)+th'(x))^2}\,dx$$

である。

　いま，曲線$f(x)$が$L(t)$の極小値（最小値）を与えているとすれば，関数$L(t)$の導関数は$t=0$で$L'(0)=0$をみたす。

$$\frac{dL(t)}{dt}=\frac{d}{dt}\left(\int_0^a \sqrt{1+(f'(x)+th'(x))^2}\,dx\right)$$
$$=\int_0^a \frac{d}{dt}\sqrt{1+(f'(x)+th'(x))^2}\,dx$$
$$=\int_0^a \frac{(f'(x)+th'(x))h'(x)}{\sqrt{1+(f'(x)+th'(x))^2}}\,dx$$

$L'(0)=0$より，

$$\int_0^a \frac{f'(x)h'(x)}{\sqrt{1+(f'(x))^2}}\,dx = 0$$

である。

この式に部分積分を当てはめて,

$$\begin{aligned}
L'(0) &= \int_0^a \frac{f'(x)h'(x)}{\sqrt{1+(f'(x))^2}}\,dx \\
&= \int_0^a \frac{f'(x)}{\sqrt{1+(f'(x))^2}}\,h'(x)dx \\
&= \left[\frac{f'(x)}{\sqrt{1+(f'(x))^2}}\,h(x)\right]_0^a \\
&\quad - \int_0^a \frac{d}{dx}\left(\frac{f'(x)}{\sqrt{1+(f'(x))^2}}\right)h(x)dx \\
&= 0
\end{aligned}$$

ところで,$h(0)=h(a)=0$ だったから,この積分の第1項は0である。したがって

$$\int_0^a \frac{d}{dx}\left(\frac{f'(x)}{\sqrt{1+(f'(x))^2}}\right)h(x)dx = 0$$

である。

ここで,任意の関数 $h(x)$ について上の式が成り立つためには,

$$\frac{d}{dx}\frac{f'(x)}{\sqrt{1+(f'(x))^2}} = 0$$

が必要条件となる。

したがって,

$$\frac{f'(x)}{\sqrt{1+(f'(x))^2}} = c$$

となるが, 全体を2乗して

$$\frac{f'(x)^2}{1+f'(x)^2} = c^2$$

$$f'(x)^2 = c^2(1+f'(x)^2)$$

$$(1-c^2)\,f'(x)^2 = c^2$$

$$f'(x)^2 = \frac{c^2}{1-c^2}$$

となり, 結局

$$f'(x) = \sqrt{\frac{c^2}{1-c^2}} = 定数 \;\;(=m)$$

となる。

したがって, これを積分すれば,

$$f(x) = mx + k$$

となるが, 原点を通る条件から $k=0$ で, 求める解は

$$f(x) = mx$$

である。

これで確かに2点を通る最短経路が直線であることが

変分法を使って求まった。

　少し気になるのは，曲線の長さを求めたところでピタゴラスの定理を使った点である。しかし，ピタゴラスの定理そのものは直線が2点間の長さの最小値を与えることを使って証明されたわけではないので，ここでは循環論法は起きていない。

　なお，同じ考察を極座標系 $x = r\cos\theta, y = r\sin\theta$ を用いて行うと，2点間の最短距離を与える曲線の曲率が0であるという結論が得られる。曲率0の曲線とは直線に他ならないので，このやり方でも最短経路が直線であることが証明できる。

# おわりに

　本書は『幾何学再発見』（日本評論社，2005年）を文庫化したものです。元の本は不思議なきっかけで生まれました。私は児童文学が大好きなのですが，名作児童文学『赤毛のアン』（ルーシー・モード・モンゴメリ）を読んでいるとき，幾何学についてのアンの感想「想像力を使う余地なんてまったくないんですもの」に出会いました（本書，はじめに）。幾何少年だった私は，びっくりし，そして少し悲しくなりました。幾何学こそ，想像力が最大限に羽ばたける面白い数学だと考えていたからです。

　難しい，手の込んだ複雑な幾何の題材ではなく，すべての人が中学生時代には出会うはずの「二等辺三角形の二つの底角は等しい（底角定理）」や「三角形の二辺の和は他の一辺より大きい」「三角形の内角和は180°であ

る」あるいは「平行線の公理」などにテーマを絞り，幾何学の想像力と論証がなぜ面白いのかを考えたのが原著です。幸い機会を得て，文庫としてよみがえることができました。文庫化に際して，原著にあったいくつかのミスや言葉遣いなどを訂正することができたのもとても嬉しい事でした。原著に目を止めていただき，文庫化にご尽力くださった株式会社KADOKAWAの大林哲也氏，江川慎氏には心からの感謝をしたいと思います。本当にありがとうございました。

　世界中の大勢のアンに本書が届くことを願っております。アン，読んでね。

本書は 2005 年 10 月に日本評論社から刊行された『幾何学再発見』を改題し、加筆修正のうえ文庫化したものです。

# 読む幾何学
よ   む き か がく

瀬山士郎
せ やま し ろう

令和5年 6月25日　初版発行

発行者●山下直久

発行●株式会社KADOKAWA
〒102-8177　東京都千代田区富士見2-13-3
電話　0570-002-301(ナビダイヤル)

角川文庫 23705

印刷所●株式会社暁印刷
製本所●本間製本株式会社

表紙画●和田三造

●お問い合わせ
https://www.kadokawa.co.jp/ (「お問い合わせ」へお進みください)
※内容によっては、お答えできない場合があります。
※サポートは日本国内のみとさせていただきます。
※Japanese text only

◇◇◇

# 角川文庫発刊に際して

第二次世界大戦の敗北は、軍事力の敗北であった以上に、私たちの若い文化力の敗退であった。私たちの文化が戦争に対して如何に無力であり、単なるあだ花に過ぎなかったかを、私たちは身を以て体験し痛感した。西洋近代文化の摂取にとって、明治以後八十年の歳月は決して短かすぎたとは言えない。にもかかわらず、近代文化の伝統を確立し、自由な批判と柔軟な良識に富む文化層として自らを形成することに私たちは失敗して来た。そしてこれは、各層への文化の普及滲透を任務とする出版人の責任でもあった。

一九四五年以来、私たちは再び振出しに戻り、第一歩から踏み出すことを余儀なくされた。これは大きな不幸ではあるが、反面、これまでの混沌・未熟・歪曲の中にあった我が国の文化に秩序と確たる基礎を齎らすためには絶好の機会でもある。角川書店は、このような祖国の文化的危機にあたり、微力をも顧みず再建の礎石たるべき抱負と決意とをもって出発したが、ここに創立以来の念願を果すべく角川文庫を発刊する。これまで刊行されたあらゆる全集叢書文庫類の長所と短所とを検討し、古今東西の不朽の典籍を、良心的編集のもとに、廉価に、そして書架にふさわしい美本として、多くのひとびとに提供しようとする。しかし私たちは徒らに百科全書的な知識のジレッタントを作ることを目的とせず、あくまで祖国の文化に秩序と再建への道を示し、この文庫を角川書店の栄ある事業として、今後永久に継続発展せしめ、学芸と教養との殿堂として大成せんことを期したい。多くの読書子の愛情ある忠言と支持とによって、この希望と抱負とを完遂せしめられんことを願う。

一九四九年五月三日

角川源義

# 角川ソフィア文庫ベストセラー

ＸやＹは何を表す？　方程式を解くとはどういうこと？　その意味や目的がわからないまま勉強していた数学の根本的な疑問が氷解！　数の歴史やエピソードとともに、数学の本当の魅力や美しさがわかる。

等差数列、等比数列、ファレイ数、フィボナッチ数列……個性溢れる例題を多数紹介。入試問題やパズル等も使いながら、抽象世界に潜む驚きの法則性と数学の「手触り」を発見する極上の数学読本。

記号の読み・意味・使い方を初歩から解説。　小学校で習う「1・2・3」から始めて、中学・高校・大学初年レベルへとステップアップする。数学はもっと面白く身近になる！　学び直しにも最適な入門読本。

一筆書き、メビウスの帯、クライン管、ポアンカレ予想などの例をもって、興味深い図版を豊富に駆使しつつ、幾何学の不思議な形の世界へと案内する。数学的直観を刺激し、パズル感覚で読める格好の入門書。

数学の歴史は〝全能神〟へ近づこうとする人間の営みだ！　古代オリエントから確率論・解析幾何学・微積分法などの近代数学まで。躍動する歴史が心を魅了し、知的な面白さに引き込まれていく数学史の決定版。

# 角川ソフィア文庫ベストセラー

方程式をあえて使わず、計算式や図をかいて、手を動かして答えを導く算数。先を読み、順序だてて物事を考える算数的発想は、数学よりも日常生活や仕事に応用しやすい。大人だからこそ楽しめる、算数再入門。

"渋滞学"で著名な東大教授が、高校生たちとの対話を通して数学の楽しさを紹介していく。通勤ラッシュや宇宙ゴミ、犯人さがしなど、身近なところや意外なシーンでの活躍に、数学のイメージも一新！

効率化や予測、危機の回避など、数学を取り入れれば仕事はこんなにスムーズに！　"渋滞学"で有名な東大教授が、実際に現場で解決した例を元に楽しい語り口で「使える数学」を伝えます。興奮の誌面講義！

動物には数がわかるのか？　人類の祖先はどのように数を数えていたのか？　バビロニアでの数字誕生からパスカル、ニュートンなど大数学者の功績まで、数学の発展のドラマとその楽しさを伝えるロングセラー。

ギリシア一の賢人ピタゴラス、魔術師ニュートン、数学王ガウス、決闘に斃れたガロア──。数学者たちの波瀾万丈の生涯をたどると、数学はぐっと身近になる！中学生から愉しめる、数学人物伝のベストセラー。